JN141662

マッキー生化学

問題の解き方 ［第6版］

Trudy McKee James R. McKee Michael G. Sehorn 著
福岡伸一 監訳 有井康博 川島 麗 小林謙一 訳

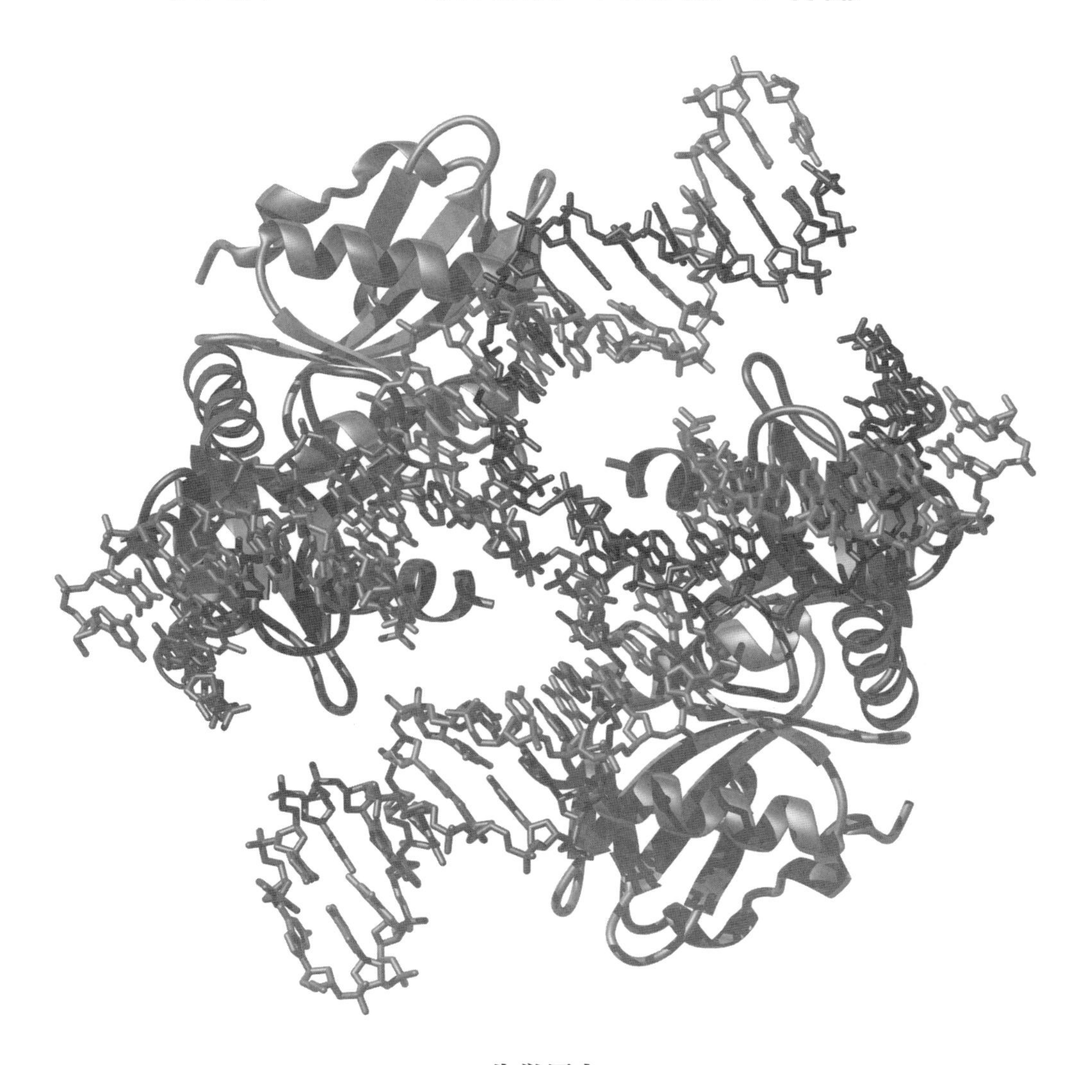

化学同人

Student Solutions Manual for use with

BIOCHEMISTRY

The Molecular Basis of Life

International Sixth Edition

Trudy McKee

Biochemist, taught Biochemistry at Thomas Jefferson University,
Rosemont College, Immaculata College, and University of the Sciences

James R. McKee

Professor of Chemistry at University of the Sciences

Michael G. Sehorn

Assistant Professor of Clemson University

目　次

3章と5章には追加の練習問題を収録.

CHAPTER 1 序　論

復習問題

1. a．生体分子：生体によって合成される分子.
   b．高分子：特定の生体分子の重合体.
   c．酵素：生体分子触媒
   d．代謝：生物の体内で行われる化学反応の総称.
   e．ホメオスタシス：生体が，その内外の環境の変動にかかわらず，その代謝を調節できること.
3. a．ポリペプチド：アミノ酸の重合体.
   b．ペプチド：50 個ぐらいまでのアミノ酸の重合体.
   c．タンパク質：一つまたはそれ以上のポリペプチドからなる分子.
   d．ペプチド結合：隣接したアミノ酸同士のアミド結合.
   e．標準アミノ酸：ポリペプチドに共通して見られる 20 種類のアミノ酸であり，α-炭素原子に，特定の側鎖，アミノ基，カルボキシ基が結合したもの.
5. a．ヌクレオチド：五炭糖で，窒素塩基，一つまたはそれ以上のリン酸基からなる.
   b．プリン：二環式の窒素塩基.
   c．ピリミジン：単環式の窒素塩基.
   d．核酸：ヌクレオチドがホスホジエチル結合でつながった重合体.
   e．リボース：五炭糖
6. a．DNA：デオキシリボ核酸
   b．RNA：リボ核酸
   c．二重らせん：2 本の逆平行のポリヌクレオチド鎖が互いに絡みついているもの.
   d．ゲノム：一つの生物がもっている DNA 配列の一式.
   e．転写：DNA を鋳型にして RNA 分子を合成するシステム.
8. a．転写因子：特定の調節性 DNA 配列に結合し，遺伝子発現を調節するタンパク質の一種.
   b．応答エレメント：転写因子が結合する特定の調節性 DNA 配列.
   c．シグナル分子：受容体タンパク質と結合する分子.
   d．RNA 干渉：siRNA により調節され，抗ウイルス防御として機能する.
   e．リボソーム：ポリペプチド鎖を合成する核酸タンパク質複合体.
10. a．酸化還元反応：供与体から電子受容体への電子の移動.
    b．酸化剤：酸化還元反応で還元される原子や官能基.
    c．還元剤：酸化還元反応で酸化される原子や官能基.

d．NADH：還元型のニコチンアデニンジヌクレオチド．

e．酸化分子：電子を供与した分子．

12. a．代謝経路：細胞内で起こる一連の化学反応．

b．同化経路：小さな前駆体を用いて大きく複雑な分子をつくること．

c．異化経路：大きく複雑な分子を分解して単純な物質にすること．

d．解糖系：グルコースが分解されて2分子のピルビン酸がつくられるとともに，エネルギーが生成される経路．10反応からなる．

e．シグナル伝達経路：細胞がその環境からのシグナルを受けとり，対応できる経路．

14. 生体を構成している六つの代表的な元素は，炭素，水素，窒素，酸素，リン，硫黄である．

15. 各分子の官能基は，（a）アルデヒド基，（b）カルボン酸とアミノ基，（c）チオール基（SH基），（d）エステル基，（e）アルケン，（f）アミド基，（g）ケトン基，（h）ヒドロキシ基．

17. DNAは，それぞれの生体の遺伝情報の収納庫である．RNAは，遺伝情報の発現，とくにタンパク質合成のさまざまな段階に関与する核酸である．

19. 加水分解

21. a．同化反応

b．異化反応

23. グルコースをエネルギー源として利用するための第一の反応は，ATPによってグルコースをリン酸化してグルコース6-リン酸とADPを生成する反応である．この反応でヒドロキシ基の酸素が求核剤となる．リン原子が求電子剤となり，ADPが脱離基となる．

24. 植物は，分解したり，液胞や細胞壁へ貯蔵したりすることで，老廃物を処理している．

26. 代謝のおもな働きは，エネルギーの獲得と利用，生体分子の合成，老廃物の除去である．

28. 飛行機の自動操縦システムと生命のシステムは，ともにロバスト（頑強）である（すなわち，環境の変化やシステムの機能の継続性を脅かすような事象にもかかわらず，安定性を維持する能力をもつ）．両者はともにフィードバック制御機構であり，内的プロセスに関する情報を用いて，パフォーマンスを最大にするように機能を調整する．実際のフェイルセーフな機構は，人工的なシステムが冗長性（複製部品）をもっているのに対して，生命のシステムは縮重による点で異なる．生命のシステムでは，異なる部分が同じ（または似た）働きをする．

30. 生体で最も大きい生体分子は，核酸とタンパク質である．核酸は，遺伝情報を保存したり（DNA），タンパク質合成を仲介したりしている（RNA）．タンパク質は，生命のプロセスを維持していくのに必要なすべての作業を行う道具となっている．多糖類も巨大な生体分子であり，構造としての機能やエネルギー貯蔵機能をもっている．

31. エネルギーの存在様式と産生に関与する．生化学反応に利用できるエネルギーの大半はATP分子に蓄えられている．

33. 各種のmRNA分子のヌクレオチドの塩基配列は，特定のポリペプチドのアミノ酸配列を暗号化している．各tRNA分子は特定のアミノ酸を一つもっており，それをリボソームへ運んで，タンパク質合成の最中にポリペプチドへと組み込む．リボソームRNA分子はリボソームの構造や機能に寄与している．mRNA中の塩基配列情報をリボソームが翻訳することで，各ポリペプチド鎖が産生される．mRNAのコドン配列とtRNA分子のアンチコドン配列との間で塩基対が生じ，アミノ酸が近くに連れてこられると，ペプチド結合が形成される．

35. 人間がデザインした（機械や工場のような）複雑系と生命のシステムは，ともに構成要素を生成するための原材料（栄養素）とエネルギーを必要とする．また，この両システムは廃棄物と熱をつくりだす．機械は，環境からフィードバックを受けとり，自動制御される（たとえば，温度をモニターすることで加熱や冷却の必要性を決める）．それに対して生命のシステムは，自律的である．つまり，自身の構造や機能のための構成要素を産生したり修復したりしている．そして核酸を介し，そのための機械（酵素）を組み立て，構成要素をつくりだしている．その核酸自体でさえ，生命のシステムによって再生産される．このレベルの自律性は，人間がデザインした複雑系には存在しない．

応用問題

37. 脂肪酸の C—H 結合は，有機分子のなかで最も還元された形の炭素である．これらの分子が二酸化炭素（最も酸化された形の炭素）へ酸化されると，最も高いエネルギーを生みだす．また，脂肪酸の貯蔵には水を必要としない．したがって，脂肪酸は多糖類より小さなスペース，かつ小さな質量で貯蔵される．
39. もし炭素，水素，酸素間の結合が，より安定であるか，より不安定であるなら，部分電荷の分布をとる能力が失われるだろう．
41. 「全体は，その部分の算術的総和以上のものである」という概念は，いかに多くの小さな部分が共同し，全体として機能するかを示している．どのようにして心臓が収縮して血液をくみだすかを理解することが，どのようにしてすべての心細胞がともに働いて収縮を生みだすかを説明することにはならない．
43. 20 種類の標準アミノ酸があるので $X = 20$ となる．鎖長が 10 なので $n = 10$ となる．可能性のあるデカペプチド（10 個のアミノ酸が結合したペプチド）の数は 20^{10}，つまり 1.024×10^{13} である．5 分ごとに 1 種類の割合で，このすべての可能性を書きだすには，9730 万年の歳月が必要になる．

CHAPTER

2 細　　胞

復習問題

1. a．原核生物：核のない単細胞生物.
   b．真核生物：核と膜で囲まれた細胞小器官をもつ細胞.
   c．細胞小器官：特定の役割のために特殊化された大きな細胞内の区画.
   d．親水性：正もしくは負の電荷をもち，水と相互作用する分子.
   e．疎水性：電気的に陰性な原子をほとんどもたず，水と相互作用しない分子.
2. a．脂質二重層：おもにリン脂質の 2 層で構成される生体膜.
   b．極性頭部基：リン脂質中で親水性の電荷をもった基もしくは非電荷の極性基.
   c．炭化水素尾部：リン脂質中の脂肪酸のような疎水性基.
   d．膜内在性タンパク質：膜に埋め込まれたタンパク質.
   e．膜表在性タンパク質：膜に埋め込まれておらず，膜のタンパク質や脂質と結合しているタンパク質.
4. a．シグナル伝達：生体が情報を受けとり，解釈する過程.
   b．神経伝達物質：ニューロンでつくられるシグナル分子.
   c．ホルモン：腺細胞でつくられるシグナル分子.
   d．サイトカイン：白血球細胞でつくられるシグナル分子
   e．リポ多糖：細菌の外膜を構成する成分．脂質と多糖からなる.
6. a．細胞膜：細菌の細胞壁の内側にあるリン脂質の二重層であり，真核細胞を取り囲む.
   b．光合成：光エネルギーを化学エネルギーに変える過程.
   c．呼吸：栄養素の分子の酸化によってエネルギーをつくる過程.
   d．核様体：細菌の染色体を含んだ，広く，不定形で，中心に位置する領域.
   e．染色体：1 本の長い DNA とタンパク質でまとめられた細胞内の構造体.
8. a．粗面小胞体：細胞質面にリボソームをもった小胞体.
   b．滑面小胞体：リボソームのない小胞体.
   c．クラスリン：膜受容体タンパク質に結合するタンパク質複合体．バスケットのような格子状構造を形成し，膜を芽のような形に変える働きがある.
   d．小胞体ストレス応答：新たなタンパク質合成の抑制に関与する細胞内過程.
   e．カベオラ：特別な種類の細胞膜ミクロドメインからつくられる小さな陥入構造．コレステロールを多く含み，特定の膜脂質，シグナル分子，イオンチャネル分子，そしてカベオリンという膜タンパク質が含まれている.
10. a．核膜孔複合体：100 個までのヌクレオポリンからなる分子量約 1 億 2000 万の構造体．核の内外への物

質の輸送を仲介している.

b．エンドサイトーシス：外因性物質の細胞内への取り込みの過程.

c．プロテオーム：細胞内でつくられるタンパク質の特徴的なセット.

d．エンドサイトーシスサイクル：エンドサイトーシスとエキソサイトーシスを介して，膜を連続的に再利用する経路.

e．リソソーム：分解酵素が顆粒状に凝縮した小胞.

11. a．酸加水分解酵素：リソソーム内に局在する消化酵素.

b．オートファジー：リソソームによって細胞内の不要なものが分解される過程.

c．クラスリン依存性エンドサイトーシス：細胞膜の受容体に結合した物質を細胞内へと取り込む過程．クラスリン・トリスケリオンで被覆された小胞が関与している.

d．カベオラエンドサイトーシス：クラスリン非依存性エンドサイトーシスの一つ．カベオラと呼ばれる特殊化された膜ミクロドメイン中に小さな陥入が形成される.

e．プロテオスタシス：タンパク質の恒常性を維持すること．タンパク質の折りたたみの質的制御は，広範囲の分子シャペロンやタンパク質の分解機構によって可能になっている.

13. a．核外膜：中心を同じくする2枚の膜のうち外側の膜で，核を取り巻いている．粗面小胞体とつながっている.

b．核内膜：核膜の内側の膜で，特有のタンパク質を含んでいる．そのタンパク質は，核構造を安定化したり，クロマチン結合，クロマチンリモデリングタンパク質のリクルートや，さまざまな酵素活性に関与している.

c．葉緑体：色素体の一種で，光合成の部位.

d．光合成：光エネルギーを化学エネルギーに変換する過程.

e．チラコイド膜：光合成系を含む葉緑体中に，複雑に折りたたまれた内膜.

15. a．ミクロフィラメント：Gアクチンの重合体からなる小さな繊維.

b．Fアクチン：繊維状の多量体型のアクチン.

c．Gアクチン：球状アクチン

d．アメーバ運動：一時的な細胞質隆起の形成によってつくりだされる自発運動.

e．中間径フィラメント：柔軟で強固で安定した重合体.

f．ケラチン：皮膚や毛細胞で見られる中間径フィラメント.

17. 生体の免疫系細胞の多くが下部消化管を取り巻いている．その理由は，この組織内に多数で多様な細菌叢が存在しているからである．この免疫系は，病原菌から身を守るとともに，その多くが生体にとって有益な非病原菌には耐性を示す.

18. 抗生物質の多用によって感染抵抗性がなくなってしまう．感染抵抗性とは，消化管が，病原菌が定着するのを抑える能力のことである．腸内菌共生バランス失調になり，感染抵抗性を再生しづらくなる．つまり，抗生物質によって健常な感染抵抗性がなくなる過程で，有益な細菌が病原菌と置き換わってしまう.

20. a．核：真核細胞

b．細胞膜：真核細胞と原核細胞.

c．小胞体：真核細胞

d．ミトコンドリア：真核細胞

e．核様体：原核細胞

f．細胞骨格：真核細胞（原核細胞にも，真核細胞の細胞骨格タンパク質と構造的，機能的に似たタンパク質が含まれている．しかし，このタンパク質には，細胞骨格タンパク質に含まれる微小管，ミクロフィラメント，中間径フィラメントのネットワークはない）

22. 生体分子の表面では，非共有結合性の相互作用を形成できる官能基が，類似の性質（たとえば水素結合）もしくは相補的な性質（たとえば，正反対に荷電するイオン）をもつ生体分子との超分子構造の形成を促進する．これらの非共有結合性の相互作用が形成されると，分子のより多くの表面が互いに近くに引き寄せられ，さらなる相互作用が可能になる．相互作用の数が多くなると，これらの分子から構成された複合体は安定化する．こうした相互作用が増大するのは，（タンパク質や核酸のような）生体分子が互いに相補的になるように入り組んだ形をとる場合である．

24. 細胞骨格は，シグナルカスケードのタンパク質に確かな支持を与え，細胞内シグナル伝達のための構造的連続性を提供する．タンパク質間相互作用がタンパク質の連続的な構造変化を引き起こし，細胞内に情報が流れていく．

26. 高度に発達した細胞骨格の骨組みは，真核生物で次のような機能を発揮する．① 細胞全体の形を維持する，② まとまった細胞の動きを可能にする，③ 細胞中の細胞小器官の動きを支える構造を提供する，④ 酵素やシグナルカスケードタンパク質複合体の足場を提供する．

28. 細胞における膜タンパク質のおもな役割は，輸送，刺激に対する応答，細胞間接着，触媒機能である．

30. 小胞体ストレスは，折りたたみに失敗したタンパク質が蓄積すると起こる．小胞体関連タンパク質分解経路は，折りたたみ損ねたタンパク質を細胞が分解できる機構である．小胞体ストレス応答は，熱ショックタンパク質ではないタンパク質の合成を阻害するシグナル経路である．折りたたみ損ねたタンパク質の量が圧倒的になった場合，小胞体過負荷応答経路がアポトーシスを誘導する．

32. キネシンはモータータンパク質であり，細胞の周辺に向けて，繊毛や鞭毛に存在する微小管対の外側の部分に沿って，粒子を運ぶ．ダイニンは逆方向に分子を運ぶ．

34. 被覆タンパク質複合体Ⅱは小胞被覆タンパク質の一つで，小胞の表面に存在し，タンパク質を粗面小胞体からゴルジ装置へと輸送している．

36. 核膜は核を取り囲み，核ラミンのネットワークにより強化された二つの膜からできている．核膜の外膜は粗面小胞体（rER）とつながっており，膜の間の空間は粗面小胞体の内腔とつながり，二つの膜は核膜孔で融合している．核内外の輸送を制御することで，核膜は細胞質からDNA複製および転写反応を切り離し，そうでなければ可能にならないような，より高度な遺伝子発現制御を可能にする．

37. プロテオスタシスは，細胞がタンパク質の折りたたみを制御する過程を述べた概念である．プロテオスタシスは正常な細胞を維持するのに重要である．それはプロテオスタシスネットワークの大きさ（多種多様なタンパク質をコードする約2000遺伝子）や，タンパク質の折りたたみや分解を調節する高度に関連した一連の経路から明らかである．

応用問題

39. 一次繊毛は，運動性繊毛の感覚性の要素を含んでいるが，運動性の要素のいくつか（つまり，アクソネームの中央微小管対，ダイニン腕，放射状スポーク）を含んでいない．また，多くの受容体が繊毛の膜に存在している．

41. この欠損はLDL受容体の合成機構のどこかに存在する．高いコレステロール濃度になるのは細胞にコレステロールが移行しないためで，血中にコレステロールが畜積し，その結果，アテローム性動脈硬化症になる．最も一般的な欠損は，細胞膜への受容体の挿入が不適切であるか，受容体が機能を失っているかである．

42. 球状のマイコプラズマ細胞の直径は0.3 μmだから，半径は0.15 μmである．したがって球状のマイコプラ

ズマ細胞の体積は

$$V = 4\pi r^3/3 = (4)(3.14)(0.15\ \mu\text{m})^3/3 = 0.014\ \mu\text{m}^3$$

大腸菌を縦横 $1\ \mu\text{m} \times 2\ \mu\text{m}$ の円柱と考えると（すなわち典型的な桿状構造の細菌），その体積は

$$V = \pi r^2 h = (3.14)(0.5\ \mu\text{m})^2(2\ \mu\text{m}) = 1.6\ \mu\text{m}^3$$

典型的なマイコプラズマの体積は $0.014\ \mu\text{m}^3$ なので，円柱状の大腸菌の体積よりかなり小さい．より具体的にいえば，マイコプラズマは大腸菌の 0.9%のサイズである．あるいは，大腸菌はマイコプラズマの 114 倍大きい．

CHAPTER

3 水：生命の媒体

追加の練習問題

この解答は，復習問題と応用問題の解答に続いて掲載されている．

1. pH 5.4 の 0.30 M 酢酸緩衝液 1 L を調製する方法を述べよ．酢酸塩と酢酸の割合はいくらか．酢酸の pK_a は 4.76 である．
2. 1.00 M 酢酸 40.0 mL を酢酸ナトリウム 2.00 g を含む水溶液 200 mL に加えて調製した，酢酸緩衝液がある．最終的に 300 mL に希釈される（酢酸ナトリウムの分子量は 82.0，酢酸の pK_a は 4.76 である）．
   a．pH はいくらか．
   b．緩衝液の総濃度はいくらか．
   c．この緩衝液に 1.0 M 塩酸 10 mL が加えられたとき，その最終 pH はいくらか．その液は，まだ緩衝液として機能するだろうか．緩衝液ではないとしたら，pH はいくらか（同じ総量の水に加えたと仮定して答えよ）．
3. pH の影響を非常に受けやすい室内実験の場合，なるべく〝新鮮な〟蒸留水を用いるように勧められる．なぜか．
4. コーラ 1 本（240 mL）は糖 27 g を含んでおり，「ブドウ糖果糖液糖」と「ブドウ糖果糖」の両方あるいはどちらか一方として記載される．37 ℃の水 240 mL にフルクトース（果糖）27 g が含まれるとき，浸透圧はいくらか．糖がスクロース（ショ糖）27 g だとすると，浸透圧にどのような影響を与えるか．フルクトースの分子量は 180，スクロースの分子量は 342 である[1]．
5. 上述のコーラ 240 mL はナトリウム 25 mg を含んでいる．そのナトリウムが塩化ナトリウムとして存在すると仮定すると，4.53×10^{-3} M の NaCl に相当する．37 ℃で，この濃度の食塩水のオスモル濃度および浸透圧はいくらか．すべての NaCl がイオン化していると仮定せよ．
6. 水 100 mL に未知の分子 0.200 g が溶けた水溶液が，25 ℃で 0.465 atm の浸透圧を示している．この非電解質の分子量を計算せよ．

復習問題

1. a．極性：分子中の不均一な電子の分布．
   b．水素結合：水分子上の電子不足となった水素が，別の水分子上の酸素原子の非共有電子対に引きつけられるときに生じる．

[1] コーラ中の糖は混合物であり，カフェイン，リン酸，クエン酸，炭酸，「天然香味料」のような含有物もあるから，明らかに，このコーラの概算はあまり近い値にはならない．

c．静電的相互作用：2個の相反する部分電荷間あるいは電荷間で起こる．

d．塩橋：正および負に荷電したアミノ酸側鎖間の引力の結果として形成される．

e．双極子：電荷が分離した分子．

2. a．融解熱：固体を溶かすのに必要なエネルギー．

b．水和圏：陽イオン，陰イオンを問わず，その周りに密集する水分子の殻．

c．両親媒性：極性基と非極性基の両方を含む分子．

d．ミセル：両親媒性の分子が水と混ぜられたときに，水に露出した極性表面と内在化した非極性表面によって形成される．

e．疎水性効果：非極性分子はファンデルワールス力によって互いに引き寄せられ，水と水素結合を形成できないため，結果として非極性分子を取り囲んだ水の籠を生じる．

4. a．緩衝液：多くの場合，弱酸とその共役塩基からなり，相対的に一定の水素イオン濃度を維持することを助ける．

b．アシドーシス：ヒトの血液の pH が 7.35 以下のときに起こる状態．

c．アルカローシス：ヒトの血液の pH が 7.45 以上のときに起こる状態．

d．pH：水素イオン濃度の負の対数．

e．$\mathrm{p}K_\mathrm{a}$：解離定数 K_a の負の対数．

6. pH 7.2 である 0.1 M リン酸塩緩衝液を調製するために，ヘンダーソン・ハッセルバルヒの式を用いて，酸（HA）に対する共役塩基（$\mathrm{A^-}$）の割合を計算する．

$$\mathrm{pH} = \mathrm{p}K_\mathrm{a} + \log\frac{[\mathrm{A^-}]}{[\mathrm{HA}]}$$

イオン化定数の表から，7.2 に近い $\mathrm{p}K_\mathrm{a}$ をもつリン酸の酸-共役塩基対を選ぶ．

$$\underset{\text{酸}}{\mathrm{H_2PO_4^-}} \rightleftharpoons \mathrm{H^+} + \underset{\text{共役塩基}}{\mathrm{HPO_4^{2-}}}$$

$$\mathrm{p}K_\mathrm{a} = 7.2$$

これらの値を式に代入すると

$$7.2 = 7.2 + \log[\mathrm{A^-}]/[\mathrm{HA}]$$
$$0 = \log[\mathrm{A^-}]/[\mathrm{HA}]$$
$$10^0 = 1 = [\mathrm{A^-}]/[\mathrm{HA}]$$
$$[\mathrm{A^-}] = [\mathrm{HA}] \qquad \text{（式 1）}$$

共役塩基と酸の濃度は等しいに違いない．私たちはリン酸緩衝液の総濃度が 0.1 M であることもわかっている．だから

$$[\mathrm{A^-}] + [\mathrm{HA}] = 0.1\ \mathrm{M} \qquad \text{（式 2）}$$

連立方程式を用いる（すなわち，式 2 に式 1 の［HA］を代入する）ことで，この緩衝液中の共役塩基と酸の濃度を決めることができる．

$$[\mathrm{A^-}] + [\mathrm{A^-}] = 0.1\ \mathrm{M}$$
$$2[\mathrm{A^-}] = 0.1\ \mathrm{M}$$
$$[\mathrm{A^-}] = 0.05\ \mathrm{M}$$

この値を式1に代入すると，[HA] = 0.05 M となる．

この緩衝液を調製するために，0.05 mol の酸と 0.05 mol の共役塩基を 1 L 容のフラスコで合わせて，1 L の目盛まで水を入れて希釈する．

8. a．1 M 乳酸ナトリウム溶液では，水が透析袋の中に流れ込む．

b．3 M 乳酸ナトリウム溶液では，水が透析袋の外に流れ出す．

c．4.5 M 乳酸ナトリウム溶液では，水が透析袋の外に流れ出す．

10. $\mathrm{pH} = \mathrm{p}K_\mathrm{a} + \log$[酢酸塩]/[酢酸]

$4.76 = \mathrm{p}K_\mathrm{a} + \log[0.1]/[0.1]$

$4.76 = \mathrm{p}K_\mathrm{a} + \log 1$

$4.76 = \mathrm{p}K_\mathrm{a} + 0$

$4.76 = \mathrm{p}K_\mathrm{a}$

$\mathrm{p}K_\mathrm{a} = -\log K_\mathrm{a}$

$4.76 = -\log K_\mathrm{a}$ の両辺を真数に直す．

$0.0000173 = K_\mathrm{a}$

$1.73 \times 10^{-5} = K_\mathrm{a}$

11. a．水とアンモニア：水素結合

b．乳酸塩とアンモニウムイオン：イオン相互作用

c．ベンゼンとオクタン：ファンデルワールス力

d．四塩化炭素とクロロホルム：ファンデルワールス力

e．クロロホルムとジエチルエーテル：ファンデルワールス力

13. それらが非常に近接し，まとまって存在する場合，d の分子は一方の末端が極性，他方の末端が非極性なので，ミセルを形成できる．

15. できない．その緩衝液の $\mathrm{p}K_\mathrm{a}$，弱酸と共役塩基の濃度を知らずに計算することはできない．

17. 分子 b，c，e は一部分のみがイオン化されるから，すべて弱酸である．一方，分子 a および d は強酸である（a は塩酸，d は硝酸）．

19. できない．炭酸と炭酸塩は反応して重炭酸塩を生成する．炭酸と重炭酸塩の緩衝系，あるいは重炭酸塩と炭酸塩の緩衝系は調製することができる．

21. 水のイオン化による寄与を考えなければならない．水素イオン濃度は，酸由来が 1×10^{-8} M，水由来が 1×10^{-7} M であるから，総酸濃度は 1.1×10^{-7} M となる．だから，pH は $-\log(1.1 \times 10^{-7}) = 6.96$ である．

注意：問題に $[\mathrm{H}^+] = 1 \times 10^{-8}$ M と記述されていれば，その pH は 8 である．しかしながら，この問題ではその情報がなく，HCl と H_2O のみ存在しているので，正確には HCl が純水に加えられた場合に限る（もし NaOH が，より高濃度な HCl 溶液に加えられたら，そのときは NaCl も溶液中に存在する）．酸が純水に加えられた場合，pH は例外なく，塩基性ではなく，ほんのわずかにかもしれないが酸性になる．

23. 水の中でただちにミセルを形成する界面活性剤は，細胞膜をつくる両親媒性の脂質分子と類似した構造をもつ．だから，これらの界面活性剤は細胞膜の脂質成分と会合し，ミセルを形成するはずであり，膜の崩壊と細胞死をもたらす（界面活性剤の作用に抵抗性のある細菌は，より複雑な膜構造，すなわち外膜や内細胞膜を保護する付加構造の両方あるいは一方をもつ）．

24. 弱酸と共役塩基の濃度が等しいとき，ヘンダーソン・ハッセルバルヒの式は $\mathrm{pH} = \mathrm{p}K_\mathrm{a}$ と単純化される〔$[\mathrm{A}^-]/[\mathrm{HA}] = 1$ なので $\log(1) = 0$〕．酢酸の $\mathrm{p}K_\mathrm{a}$ は 4.75 なので，pH = 4.75 になる．

$$\mathrm{pH} = \mathrm{p}K_\mathrm{a} + \log\frac{[\mathrm{A}^-]}{[\mathrm{HA}]}$$

$[\mathrm{A}^-] = [\mathrm{HA}]$ のとき

$$\mathrm{pH} = \mathrm{p}K_\mathrm{a} + \log(1) = \mathrm{p}K_\mathrm{a} + 0$$

$$\mathrm{pH} = \mathrm{p}K_\mathrm{a} = 4.75$$ （酢酸の値）

26. 酸素のとくに大きな電気陰性度は，水のO—H結合を分極させ，水素を電子不足にする．酸素上の非共有電子対は結合に利用できるので，静電的な相互作用が起こる．

応用問題

28. Na^+．なぜなら，K^+ の水和体積は Na^+ の水和体積よりも非常に小さいからである．より小さな水和イオンは，Na^+ よりも容易にゼラチンを通過して拡散するので，穴に残っている K^+ の総量は少なくなる．
30. 高濃度の砂糖溶液は細菌細胞から水を引き抜き，細菌細胞を殺すことによって，果実を保存している．
31. 氷結晶の規則正しい結晶格子は，密に水素結合した液体の水よりも広がりをもつ．もし氷が水よりも高密度であるなら，湖や海で形成された氷は底に沈むだろう．ひいては，その表面の限られた層だけが液体となるだろう．この環境条件は生物（ほとんどの水生生物）と相容れない（そして，それらは生き残れないだろう）．
33. pHの尺度は，水のイオン化定数を用いて導かれる．他の溶媒のpHの尺度を規定するためには，その溶媒のイオン化定数を用いなければならず，そのpHの尺度は水のpHの尺度とは異なる．
35. 発生しない．細胞の構造は，疎水性物質と親水性物質の相分離に基づいている．細胞膜の機能は，ただ脂質が水に不溶であるから成り立っている．水がすべての分子を溶かすことができたとしたら，生物は自身と周辺との間に壁（膜）をつくることができないだろう．そして生物は発生しないだろう．
37. 水は，各イオンの周りに溶媒和層を形成することで，イオン性相互作用を弱める．陽イオンと陰イオンとの間が広がると，それらの間の引力が減る（図3.9参照）．つまり極性をもつ水分子は，イオンの周りに押し寄せてイオンと相互作用し，反対に帯電したイオン間の相互作用を弱める．
39. ２価の正電荷をもつマグネシウムは，強い水和圏を形成する．高分子の構造化された水の中に移動するために，Mg^{2+} の場合，高エネルギーを必要とする過程で，その水和圏が取り除かれなくてはならない．他方で，塩化物イオンは1価の負電荷のみをもつ，より大きなイオンである．その水和圏は，さほど密ではなく，少ないエネルギーで取り除かれる．結果として，塩化物イオンはより容易に組み込まれる．
41. チロシンの滴定曲線は以下の通りである．

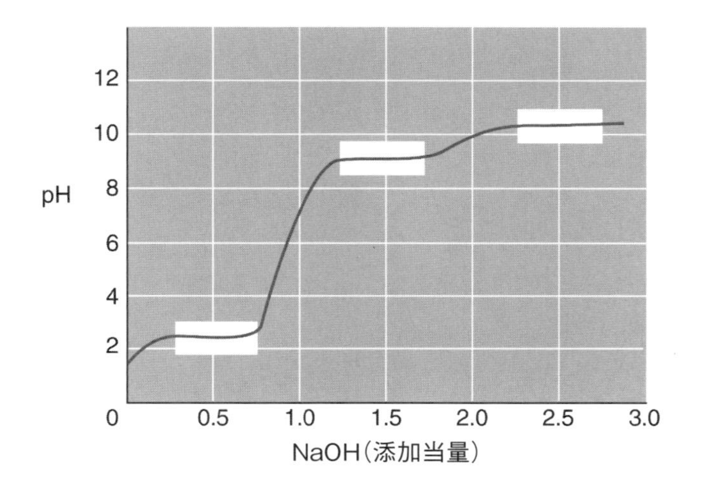

43. メチルアルコール中のカリウムイオンの水和圏は以下の通りである．

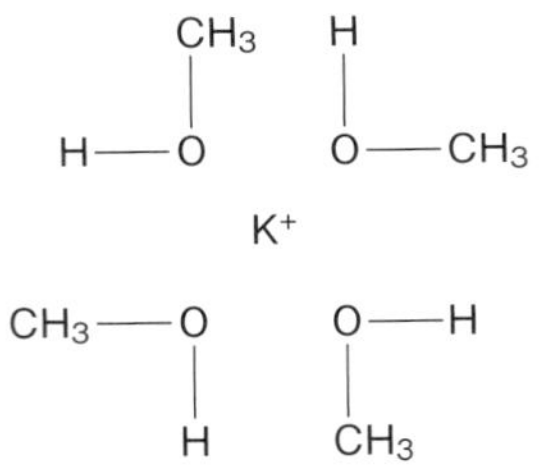

CH_3　H
H—O　O—CH_3
K^+
CH_3—O　O—H
H　CH_3

45. 溶媒和のエネルギーは，遊離するプロトンと酢酸アニオンの両方を安定化する．放出されたエネルギーはその過程を促進し，イオン化を容易にする．結果として水の中の酢酸の pK_a は，水がない場合よりも低くなる．

練習問題

1. $pH = pK_a + \log[A^-]/[HA]$

   $5.4 = 4.76 + \log[A^-]/[HA]$

   $0.64 = \log[A^-]/[HA]$

   $[A^-]/[HA] = 4.4 =$ 酢酸に対する酢酸塩の割合

   $[A^-] = (4.4)[HA]$

   この式を緩衝液の総濃度の式の $[A^-]$ に代入すると

   緩衝液の総濃度 $= [A^-] + [HA] = 0.30\ M$

   $(4.4)[HA] + [HA] = 0.30\ M$

   $(5.4)[HA] = 0.30\ M$

   $[HA] = 0.056\ M$

   この値を緩衝液の総濃度の式の $[HA]$ に代入すると

   $[A^-] + 0.056\ M = 0.30\ M$

   $[A^-] = 0.24\ M$

   緩衝液を調製するために，メスフラスコ中で酢酸塩 0.24 mol と酢酸 0.056 mol を混ぜ，水で目盛まで希釈する（より具体的には，酢酸塩 20 g を 1 L 容のフラスコに水を入れて溶かす．1 M 酢酸 56 mL を加え，新鮮な蒸留水で 1 L の目盛まで希釈する）．

2. a．酢酸塩のミリモル $= (40.0\ mL)(1.00\ M) = 40.0\ mmol$

   酢酸のミリモル $= (2.00\ g)/(82.0) = 24.4\ mmol$

   $pH = pK_a + \log[A^-]/[HA] = 4.76 + \log(24.4/40.0) = 4.55$

   （正解を得るために総容量を用いる必要がないことに注意せよ．モル濃度を計算した場合，その式は $pH = 4.76 + \log([0.0813\ M\ A^-]/[0.133\ M\ HA]) = 4.55$ である．）

   b．緩衝液の総濃度 $= (40.0\ mol + 24.4\ mol)/300\ mL = 0.215\ M$

   c．HCl：$(10\ mL)(1\ M) = 10\ mmol$　この HCl は酢酸塩と反応して酢酸を形成する．

   酢酸塩：$24.4\ mmol -$（HCl と反応した）$10\ mmol = 14.4\ mmol$

   酢酸：$40.0\ mmol +$（形成された）$10\ mmol = 50\ mmol$

$$pH = 4.76 + \log(14.4/50.0) = 4.76 - 0.54 = 4.22$$

これはまだ，緩衝液として機能する．10 mmol HCl が総容積 310 mL に存在したと仮定すれば，その pH は 1.5 になる．緩衝作用である．

3. 空気に長時間さらされている蒸留水は，溶存 CO_2 をおそらく含んでおり，その溶存 CO_2 が pH を下げるからである．

$$CO_2 + H_2O \rightleftharpoons H_2PO_3 \rightleftharpoons H^+ + HCO_3^-$$

4. 最初にフルクトースのモル濃度を計算する．

$$27\ g/180 = 0.15\ mol$$
$$0.15\ mol/0.240\ L = 0.625\ M$$
$$T = 37 + 273 = 310\ K$$
$$\pi = iMRT = (1)(0.625\ M)(0.082)(310\ K) = 16\ atm$$

スクロースのモル濃度は

$$27\ g/342 = 0.0790\ mol$$
$$0.0790\ mol/0.240\ L = 0.329\ M$$
$$\pi = iMRT = (1)(0.329\ M)(0.082)(310\ K) = 8.4\ atm$$

5. オスモル濃度$= iM = (2)(4.53 \times 10^{-3}\ M) = 9.06 \times 10^{-3}\ M$
浸透圧$= \pi = iMRT = (2)(4.53 \times 10^{-3}\ M)(0.082)(310\ K) = 0.23\ atm$
6. $\pi = iMRT$，$R = 0.082\ L \cdot atm/K \cdot mol$　　$T = 25℃ + 273 = 298\ K$
$i = 1$（非電解質の場合）　　M = mol/L = モル数/(0.100 L)
最初に $\pi = iMRT$ を用いてモル数を求める．

$$0.465\ atm = (1)(mol/0.100\ L)(0.082\ L \cdot atm/K \cdot mol)(298\ K)$$
$$1.90 \times 10^{-3}\ mol$$

分子量 $= (0.200\ g)/(1.90 \times 10^{-3}\ mol) = 105$

CHAPTER

4 エネルギー

復習問題

1. a．熱力学：化学反応における熱とエネルギー変換の学問．
   b．生体エネルギー学：生物におけるエネルギー変換の学問．
   c．エンタルピー：反応中に発生した熱量の尺度．
   d．エントロピー：反応中の無秩序さの尺度．
   e．自由エネルギー：反応が起こる傾向を示す尺度．
3. a．酸化還元反応：電子が電子供与体から電子受容体に移動する反応．
   b．共鳴混成体：分子が二つあるいはそれ以上の，電子の位置のみが異なる構造をもつときに生じる．
   c．化学合成無機栄養生物：無機化合物を酸化することで ATP をつくりだす従属栄養生物．
   d．電子供与体：酸化還元反応に電子を供給する分子．
4. 状態関数は経路に依存しない関数である．b のエントロピー，c のエンタルピー，e の自由エネルギーはすべて経路に依存しない．
6. 温度が 0 K のとき．
8. 酢酸のイオン化定数が 1.8×10^{-5} である場合，その反応の ΔG° は次のように計算される．

$$\begin{aligned}\Delta G^\circ &= -RT \ln K_{eq} \\ &= -(8.315\ \mathrm{J/mol\cdot K})(298\ \mathrm{K})\ln(1.8 \times 10^{-5}) \\ &= -27{,}071\ \mathrm{J/mol} = -27.1\ \mathrm{kJ/mol}\end{aligned}$$

10. 仕事は物理的な変化を生みだすエネルギー変化として定義される．生理学的な例として，膜を介した濃度勾配の維持，生体分子の合成，膜を介した能動輸送，筋肉の収縮がある．
12. 最小は a．AMP の加水分解はエステル結合の切断であり，エネルギーの放出は最も少ない．そのほかのリン酸結合の加水分解は，無水結合あるいはエノール結合のどちらかの加水分解に関与する．
14. $\Delta G^\circ = -RT\ln K_{eq}$
    $-7100\ \mathrm{J/mol} = -(8.315\ \mathrm{J/mol\cdot K})(298\ \mathrm{K})\ln K_{eq}$
    $\ln K_{eq} = 2.865$
    $K_{eq} = 17.56$
16. 平衡では $\Delta G^{\circ\prime} = -RT \ln K_{eq}$
    $-9700\ \mathrm{J/mol} = -(8.315\ \mathrm{J/mol\cdot K})(298\ \mathrm{K})(\ln K_{eq})$
    $3.915 = \ln K_{eq}$

$K_{eq} = 50.1\ M =$ [グリセロール][リン酸]/[グリセロール 3-リン酸]
$50.1\ M = (1 \times 10^{-3}\ M)^2$/[グリセロール 3-リン酸]
[グリセロール 3-リン酸] $= (1 \times 10^{-3}\ M)^2/50.1\ M = 2 \times 10^{-8}\ M$

18. 変化する．pH が 7 から 9 に変化したとき，ピロリン酸（PP_i）の加水分解に対する $\Delta G^{\circ\prime}$ の値は変化する．その加水分解反応において H^+ は反応物でも生成物でもないが，PP_i の pK_a 値はイオン化の度合いを決めるのに考慮される必要がある．pK_a 値は 6.70（$H_2P_2O_7^{2-}$）と 9.32（$HP_2O_7^{3-}$）なので，pH 7 および 9 の両方における実効電荷は −3 である．PP_i は，pH 7 で $HP_2O_7^{3-}$ と $H_2P_2O_7^{2-}$ が 2：1 で混在する一方で，pH 9 では $HP_2O_7^{3-}$ と $P_2O_7^{4-}$ が 2：1 で混在する．これらの反応イオンは負電荷数が異なるから，その安定性は近接する負電荷間の斥力の大きさによって異なる．

そのうえ，それらの加水分解産物は安定性も異なる．

$$H_2P_2O_7^{2-} + H_2O \longrightarrow 2H_2PO_4^-$$
$$HP_2O_7^{3-} + H_2O \longrightarrow H_2PO_4^- + HPO_4^{2-}$$
$$P_2O_7^{4-} + H_2O \longrightarrow 2HPO_4^{2-}$$

これらの割合はヘンダーソン・ハッセルバルヒの式を用いて計算される．しかしながら，同じ結論がより定性的なアプローチによって得られる．二つの pK_a 値の中間点である pH 8.01 では，100% の PP_i が $HP_2O_7^{3-}$ で存在する．pH 8.01 より上下では，異なる反応混合物が異なる電荷，安定性，加水分解産物として存在する．反応物と加水分解産物はともに異なる度合いの安定性をもち，そのうえ $\Delta G^{\circ\prime}$ の値も異なると予測される．

19. 平衡では $\Delta G^{\circ\prime} = -RT \ln K_{eq}$
$-13{,}800\ J/mol = -(8.315\ J/mol \cdot K)(298\ K) \ln K_{eq}$
$5.57 = \ln K_{eq}$
$K_{eq} = 262$
$K_{eq} =$ [グルコース][P_i]/[グルコース 6-リン酸]
[グルコース 6-リン酸] $= 4\ mM = 4 \times 10^{-3}(M)$ だから
$262 =$ [グルコース][P_i]$/(4 \times 10^{-3})$
$1.05 =$ [グルコース][P_i]
[グルコース] = [P_i] と仮定してよいから [P_i] $= 1.02\ M$.

21.
$ATP \longrightarrow AMP + PP_i \quad \Delta G^{\circ\prime} = -32.2\ kJ/mol$
$PP_i \longrightarrow 2P_i \quad \Delta G^{\circ\prime} = -33.5\ kJ/mol$
$ATP \longrightarrow AMP + 2P_i \quad \Delta G^{\circ\prime} = -65.7\ kJ/mol$
$\Delta G^{\circ\prime} = -RT \ln K_{eq}$
$-65.7\ kJ/mol = -(8.315\ J/mol \cdot K)(298\ K)(\ln K_{eq})$
$\ln K_{eq} = 26.52$
$K_{eq} = 3.29 \times 10^{11}$

応用問題

23. 12.5 mol の ATP の加水分解によって放出されるエネルギーは

$$(12.5\ mol)(-30.5\ kJ/mol) = -381.3\ kJ$$

12.5 mol の ATP を産生するのに必要なエネルギーは 1142.2 kJ である．その過程の見かけ上の効率は

$$(381.3/1142.2) \times 100 = 33.4\%$$

25. ほんの少しの分子が作用するとしても，熱力学の法則は適用される．
27. ATP は中程度のリン酸基転移ポテンシャルをもつ．この特長が，ATP を高エネルギー化合物からより低いエネルギーの化合物へのリン酸基の運搬体として役立たせ，〝エネルギー通貨〟にする．
29. マグネシウムイオンが ATP のリン酸基と配位した場合，隣接した酸素アニオンとの斥力が減少する．その結果，ATP は安定化され，加水分解の自由エネルギーは減少する〔反応物（ATP）を安定化する状態は ΔG の負の値を減少させる〕．
31. 酢酸とリン酸は共鳴安定化する．ただし，リン酸は酢酸よりも多くの共鳴体をもつ．加水分解が，リン酸基上にある，ごく近くの酸素アニオンとの斥力を減らす．酢酸には，そのような斥力は働かない．
33. グルコース 1-リン酸は高エネルギーの無水結合を含む．一方で，グルコース 6-リン酸は低エネルギーのエステル結合をもつ．

CHAPTER 5 アミノ酸・ペプチド・タンパク質

追加の練習問題

この解答は，復習問題と応用問題の解答に続いて掲載されている．

1. ペプチドの Val—Arg—Ala—Tyr—Gly について，次の問いに答えよ．
   a．最も酸性となった型のペプチドの構造を描きなさい．
   b．命名せよ．
   c．このペプチドがもつ p*I* は高いか低いか．その p*I* を計算せよ（pK_a 値は表 5.2 を参照）．
   d．このペプチドの滴定曲線を描きなさい．
   e．pH 7 における，このペプチドの実効電荷はいくらか．ゲル電気泳動では，陽極と陰極のどちらに向かうか．
2. ペプチドの Pro—His—Met—Ser—Phe について，次の問いに答えよ．
   a．最も酸性となった型のペプチドの構造を描きなさい．
   b．その p*I* を計算せよ（pK_a 値は表 5.2 を参照）．
   c．pH 12 における，このペプチドの実効電荷はいくらか．ゲル電気泳動では，陽極と陰極のどちらに向かうか．
3. 次のペプチドについて，3 文字表記を用いて適切な配列を書きだしなさい．

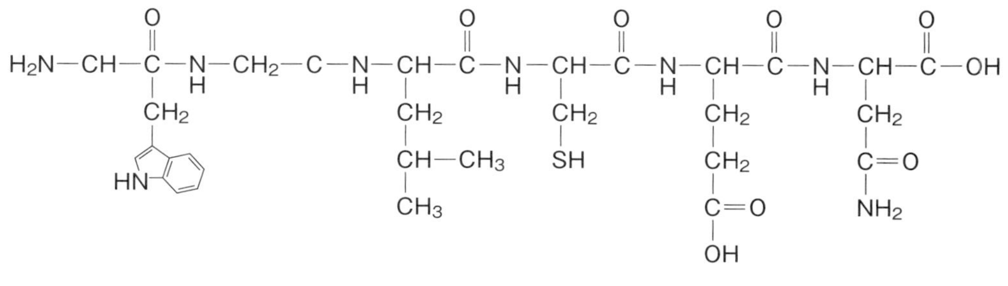

```
             O                          O             O             O             O
             ‖                          ‖             ‖             ‖             ‖
H2N—CH—C—N—CH2—C—N—CH—C—N—CH—C—N—CH—C—N—CH—C—OH
        |      H          H  |       H  |       H  |       H  |
       CH2                   CH2        CH2        CH2        CH2
        |                    |          |          |          |
   (indolyl, HN)             CH—CH3     SH         CH2        C=O
                             |                     |          |
                             CH3                   C=O        NH2
                                                   |
                                                   OH
```

（追加問題：この構造には問いを妨げない間違いがある．それを見つけることはできるだろうか．この構造にある間違いは何だろう？）

復習問題

1. a．超二次構造：α ヘリックスおよび β プリーツシートの二次構造の組合せ．
   b．プロトマー：複数のサブユニットからなるタンパク質を構成する個々のサブユニット．
   c．リンタンパク質：リン酸基を含むタンパク質．

d．変性：構造崩壊の過程.

e．イオン交換クロマトグラフィー：タンパク質をそれらの電荷をもとに分離するクロマトグラフ法.

2. a．タンパク質モチーフ：α ヘリックスおよび β プリーツシートの二次構造の様式.

b．複合タンパク質：補欠分子族を含むタンパク質.

c．ダイネイン：微小管に沿って小胞や細胞小器官を動かすモータータンパク質.

d．両性イオン：正電荷と負電荷の両方をもつ分子.

e．電気泳動：タンパク質が電場において分離される過程.

4. a．光学異性体：その対掌体から見て逆方向に偏光を回転させる分子.

b．等電点：あるアミノ酸が電気的に中性である pH.

c．ペプチド結合：アミノ酸の α-カルボキシ基が他のアミノ酸のアミノ基と反応し，形成された結合.

d．ジスルフィド架橋：アミノ酸である二つのシステインが，ジスルフィド結合を形成するときに生じる.

e．シッフ塩基：カルボニル基と反応するアミン基のイミン生成物.

6. a．兼業タンパク質：細胞内で複数の機能をもつタンパク質.

b．繊維状タンパク質：しばしば水に不溶な，長くて物理的に強い桿状の分子.

c．球状タンパク質：たいていは水に可溶で，コンパクトな球状のタンパク質.

d．補欠分子族：タンパク質の非タンパク質成分.

e．アポタンパク質：補欠分子族を欠いているタンパク質.

8. a．分子シャペロン：タンパク質の適切な折りたたみを促進する熱ショックタンパク質.

b．シャペロニン：熱ショックタンパク質のHsp60（分子量 60,000）ファミリーの分子シャペロンファミリー.

c．協同的結合：最初のリガンドの結合が，次のリガンドの結合を促進する.

d．モータータンパク質：ヌクレオチドに結合して加水分解し，構造変化を誘導するタンパク質.

e．一次構造：ポリペプチドのアミノ酸配列.

10. a．非極性　b．極性　c．酸性　d．塩基性　e．非極性　f．塩基性　g．非極性

h．極性　i．非極性　j．非極性

12. グリシルグリシンにおけるペプチド結合の共鳴構造は次の通りである.

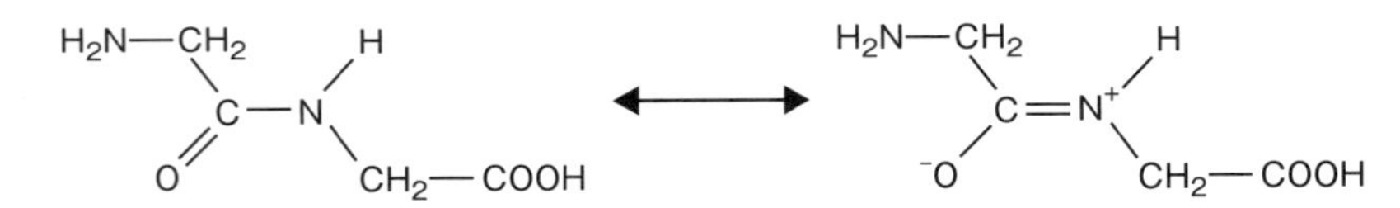

このペプチド結合は部分的に二重結合性を示すために，この共鳴構造は堅固で平面的である．それゆえ，このペプチド結合の周りの回転は妨げられる.

14. a．ポリプロリン：左巻きらせん

b．ポリグリシン：β プリーツシート

c．Ala—Val—Ala—Val—Ala—Val：α ヘリックス

d．Gly—Ser—Gly—Ala—Gly—Ala：β プリーツシート

16. リシン，アルギニン，チロシンのような塩基性側鎖をもつアミノ酸は高い p*I* 値を示す.

18. ポリペプチドの一次構造（アミノ酸配列）は，主鎖上のアミド基間で生じる水素結合に加え，側鎖間で非常に多くの相互作用の機会を与える．結果として，理論的に可能な三次元の形があまりに多くなり，ポリペプチドが合成後にとりうる特定の構造を予測することができない.

20. 分子機械の構成要素として，モータータンパク質は構造変化を受け，隣接するサブユニットにさらなる構造

変化を引き起こす．モータータンパク質はヌクレオチドと結合し，そのヌクレオチドは加水分解されて，最初の構造変化を駆動する．生物はモータータンパク質を，タンパク質フィラメントに沿って荷物を動かす古典的なモーターとして，複雑な反応過程に対する遅延時間を生むための計時装置として，シグナル伝達経路におけるオン/オフを担う分子スイッチとして，タンパク質サブユニットから高分子複合体を可逆的に形成する集合および分解因子として用いる．

22. 水生哺乳類の筋肉中では酸素貯蔵分子のミオグロビンの濃度が並外れて高く，それがクジラたちの一呼吸を長くし，長い潜水を可能にする．

応用問題

23.

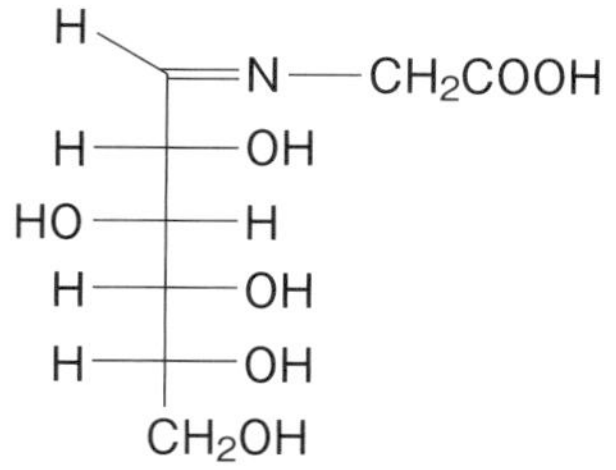

H–C=N–CH_2COOH
H–C–OH
HO–C–H
H–C–OH
H–C–OH
CH_2OH

グリシンとグルコースの反応生成物

25.

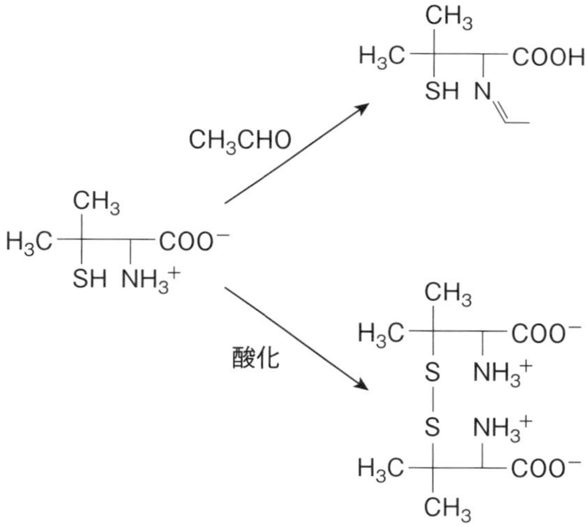

H_3C–C(CH_3)(SH)–CH(NH_3^+)–COO^-

CH_3CHO → H_3C–C(CH_3)(SH)–CH(N=CH–CH_3)–COOH

酸化 → H_3C–C(CH_3)(S–)–CH(NH_3^+)–COO^-
　　　　H_3C–C(CH_3)(–S)–CH(NH_3^+)–COO^-

27. バリン，ロイシン，イソロイシン，メチオニン，フェニルアラニンのような疎水性アミノ酸は，その疎水性効果によって，タンパク質の無水コア内にたいていは存在する．アルギニン，リシン，アスパラギン酸，グルタミン酸のような親水性アミノ酸は，多くの場合，タンパク質の表面あるいは近くに存在し，水分子と相互作用をする．グリシンとアラニンは疎水性アミノ酸であるから，タンパク質内部に存在する傾向をもつ．グルタミンは極性側鎖をもち，水素結合を形成できるので，多くはタンパク質の表面にある．

29. 極性基やイオン基と水分子との間で水素結合によってタンパク質分子に固定化された水は，位置を動かせなくなる．これは，水分子がほとんど動かない三次元構造を生じさせる（すなわち，所定の場所で機能を停止する）．

31. a．そのトリペプチドの等電点は，グリシンのアミノ基の pK_a 値（9.6）とバリンのカルボキシ基の pK_a 値（2.32）の平均をとることで計算できる．したがって pI は 5.96 である．

b．pH 1 では，そのトリペプチドは正電荷を帯び，負電極に向かって動く．pH 5 では，そのペプチドは実効電荷がゼロとなり，移動しない．pH 10 および 12 では −1 の電荷をもち，正電極へと動く．

32. 多機能タンパク質の異なる機能を担う性質としては，異なるリガンド結合部位や，ホモあるいはヘテロ複合体を形成する能力があげられる．加えて，そのようなタンパク質の構造特性は，その細胞が位置する部位によって影響を及ぼされる．

33. 親水性アミノ酸であるチロシン，アスパラギン，セリン，ヒスチジンが表面に存在するだろう．

35. 生成物はグリシン，フェニルアラニン，メチオニン，バリン，ロイシン，セリン，ヒスチジン，アスパラギン酸である．加水分解の条件によって，アスパラギンはアスパラギン酸に変わる．

37. p53 は主要な腫瘍抑制タンパク質である．細胞周期の制御や細胞の健康に関連した膨大な情報を統合することで，p53 はこの役割を果たす．DNA 損傷，小胞体ストレス，紫外線，低酸素症のような細胞ストレス状態によって活性化された多様なグループの転写因子に，p53 の非構造ドメインは結合する．

39. 精製の段階において対象とするペプチドを検出するための生物学的評価系を確立することが，まず最初に要求される．次に，他の多くの物質と同様に，細胞破砕によってペプチドを下垂体から放出させる．その後，低分子量の化合物は透析によって除去できる．得られた産物を，高分子量の化合物が最初に流しだされるサイズ排除クロマトグラフィーに供する．オキシトシンとバソプレッシンの両ペプチドを含む画分を，オキシトシンまたはバソプレッシンのいずれかを保持できるアフィニティーカラムに通す．電気泳動は，それぞれのペプチドの純度を評価するために用いることができる．

練習問題

1. a．各イオン性基の pK_a 値は太字で示されている．

$H_3\overset{+}{N}$—CH—CO—NH—CH—CO—NH—CH—CO—NH—CH—CO—NH—CH_2—CO—OH

9.62（H_3N^+）
Val 側鎖: CH—CH_3, CH_3
Arg 側鎖: CH_2—CH_2—CH_2—NH—C(=NH_2^+)—NH_2　12.48
Ala 側鎖: CH_3
Tyr 側鎖: CH_2—(ベンゼン環)—OH　10.07
2.34（COOH）

b．バリルアルギニルアラニルチロシルグリシン（〝イン〟を〝イル〟に置き換える）

c．側鎖が塩基性あるいは中性のどちらかであることから，このペプチドは高い pI を示すと考えられる．pI を計算するために，実効電荷がゼロとなる構造を決め，その構造で正あるいは負電荷である側鎖の pK_a 値を平均する．その最善の方法は pK_a の順に各型を描くこと，すなわち，そのペプチドを滴定するように描くことである．

pI は 9.62 と 10.07 の平均値，すなわち $(9.62 + 10.07)/2 = 9.85$ である（注意：これが選択問題であるなら，間違った選択肢の一つは，おそらく 8.63 であろう．これはすべての pK_a 値の平均である．

d．滴定曲線を描くには，最初に y 軸として〝pH〟を，x 軸として〝OH^- 当量〟を設ける．各 pK_a 値で短いプラトー（水平線）を描く．二つの pK_a 値の中間の pH 値に点を描く．プラトーから各変曲点を通る滑らかな曲線を描く．

e．pH 7 で，そのペプチドは +1 の電荷をもち，陰極へ向かう．

2. a．各イオン性基の pK_a 値は太字で示されている．Pro—His—Met—Ser—Phe の構造は次のようになる．

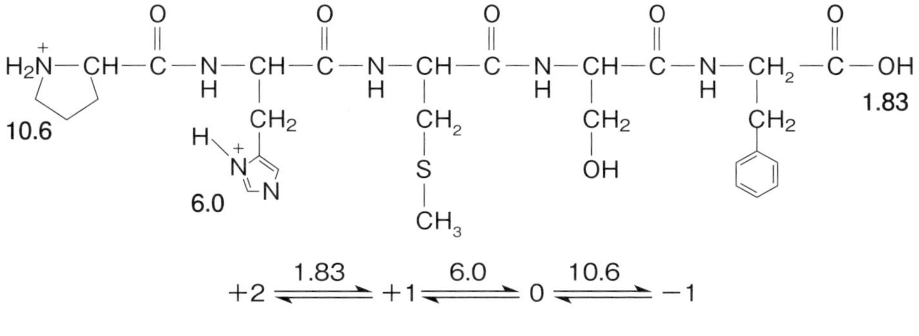

$$+2 \underset{}{\overset{1.83}{\rightleftharpoons}} +1 \overset{6.0}{\rightleftharpoons} 0 \overset{10.6}{\rightleftharpoons} -1$$

b．その pI は 8.3 である（6.0 と 10.6 の平均）．

c．pH 12 では，そのペプチドは −1 の電荷をもち，陽極へと動く．

3. Trp—Gly—Leu—Cys—Glu—Asn

追加問題：Gly 残基と Leu 残基の間のペプチド結合に関連するカルボニルの酸素原子が不足している．

CHAPTER

6 酵　素

復習問題

1. a．触媒：化学反応の速度を高めるが，反応によって変化することはない物質．
   b．遷移状態：触媒反応における不安定な中間体．基質を基質と生成物の両方の特性を併せもつように変える酵素によって形成される．
   c．基質：酵素活性部位に結合し，生成物に変換される化学反応における反応物．
   d．活性化エネルギー：化学反応を生みだすために必要な閾エネルギー．
   e．活性部位：基質が結合する酵素表面の割れ目．
2. a．補因子：触媒反応に必要とされる酵素の非タンパク質成分（無機イオンあるいは補酵素）．
   b．補酵素：ある酵素の触媒反応機構に必要とされる小さな有機分子．
   c．アポ酵素：触媒反応で機能するために補因子を必要とする酵素のタンパク質部分．
   d．ホロ酵素：アポ酵素と補因子からなる完全な酵素．
   e．反応速度：生化学反応の速度．単位時間あたりの反応物あるいは生成物の濃度変化．
4. a．ラインウィーバー・バークプロット：酵素の K_m 値と V_{max} 値が，開始速度と基質濃度の逆数を用いて決定されるグラフ．
   b．アロステリック酵素：酵素活性がエフェクター分子の結合によって影響を受ける酵素．
   c．高分子クラウディング：細胞内部における多種多様な高分子と他分子の密集状態．
   d．反応中間体：ある反応において限られた時間存在し，生成物へと変換される分子種．
   e．カルボカチオン：正電荷をもつ炭素．
6. 細胞内の酵素活性を調節する方法としては，遺伝子発現の調節（代謝の必要性に応じて酵素が合成される），共有結合による修飾（活性型と不活性型の間の可逆的変換が，共有結合による修飾によって制御される），アロステリック効果による調節（エフェクター分子が結合すると活性が変化する），および細胞内の区画化（細胞内で同時に起こる正方向の反応と逆方向の反応を物理的に隔離することにより無駄を省く）があげられる．
8. 生化学反応の調節が重要である三つの理由は，秩序の維持，エネルギーの節約，環境の変化への対応である．
10. 協奏モデルでは，基質と活性化因子がR状態に結合する．この結合がR状態へと平衡をずらす．逐次モデルでは，活性化分子が酵素の高次構造を，基質がより結合しやすい形に変える．酸素がヘモグロビンに結合するとき，最初の酸素分子はゆっくりと結合する．しかしながら，それが高次構造変化を誘導し，２番目，３番目，４番目の酸素分子をより容易に逐次的に結合させる．
12. グルコースと酸素分子との反応の活性化エネルギーはきわめて高いので，反応は起こりにくい．
14. 活性部位を構成するアミノ酸残基は立体異性体をもつ．その結果として，活性部位はキラルであり，光学活性な化合物の片方の型のみを結合する．

16. 質量作用の法則は，溶質濃度に対して線型の反応速度，均質な反応系，ランダムで独立した分子間相互作用を前提とする．しかしながら，高分子クラウディングは有効濃度を上昇させ，その上昇が結合の親和性，反応速度，平衡定数，拡散速度に影響を及ぼす．結果として，*in vivo* での酵素触媒活性は，希釈溶液中での酵素活性の *in vitro* 研究に基づいては一概に予測できなくなる．
18. 酵素機構に通常関係するアミノ酸残基は，セリン，トレオニン，チロシン，システイン，ヒスチジン，アスパラギン酸，グルタミン酸，アスパラギン，グルタミン，リシン，アルギニンである．これらのアミノ酸すべてが極性あるいは帯電側鎖をもつことに注目せよ．これらのアミノ酸の構造は図 5.2 を参照．
20. 競合反応を触媒する酵素を物理的に隔離することで，区画化がこれらの酵素に個別の制御を許し，無駄なサイクルの非効率性を抑える．微小区画では，反応生成物を受け渡すチャネルをつくることで，拡散が反応速度を律速する程度を減らす．区画化は酵素が必要とする特殊な環境を提供し，毒性を示す反応生成物による損傷から細胞成分を守る．区画化の例には，キナーゼとホスファターゼの隔離，多酵素複合体の膜や細胞骨格フィラメントへの付着，リソソーム内の低 pH がある．
21. 酵素阻害剤には二つの主要なタイプ，可逆なものと不可逆なものがある．可逆阻害は酵素を壊さない．基質を添加あるいは阻害剤を除去することで，阻害効果を取り除くことができる．コハク酸塩の構造と似ているマロン酸塩は，コハク酸デヒドロゲナーゼの可逆的な拮抗阻害剤である．非可逆阻害剤は恒久的に（たいていは共有結合的に）酵素に結合し，その触媒能を失わせる．非可逆阻害剤を取り除いても酵素活性は復活しない．ヨード酢酸は不可逆阻害剤で，グリセルアルデヒド-3-リン酸デヒドロゲナーゼをアルキル化する．
22. 活性部位の三次元の形状は，酵素の機能と遷移状態を安定化させるその能力に不可欠である．まさに酵素の特異的な構造は，活性部位が最適な形状，静電的環境，（近接および歪み効果を最適化する）柔軟性，酵素触媒機構に積極的にかかわるアミノ酸側鎖の的確な局在を保証するために必要である．活性部位構造のこの複雑な精密さは，酵素中のアミノ酸残基間の相互作用の複雑な仕組み全体によってつくりだされ，維持される．結果的に得られる反応速度や酵素効率の増加による計りしれない強みのおかげで，そのような大きな分子をつくる不効率さは許容される．
24. 酵素が基質分子を活性部位に入れるごとに生成分子へ変換するなら，触媒的極致は達成される．
25. 高分子クラウディングの酵素に対する観察される効果は，基質結合親和性の値を上昇させること，反応速度と平衡定数を変化させること，基質拡散速度を減少させることである．
26. 触媒は反応機構を変化させる．金属触媒は，その表面上で反応物に結合することで，反応性を最大限に引きだせるように配向させ，反応機構を変化させる．酵素は，アミノ酸側鎖と他の触媒種が反応に積極的にかかわることで，反応機構を変化させる．触媒は，反応が起こるように異なる経路を提供する．
27. 水銀イオンは，スルフヒドリル基と反応することで酵素を不活性化する．メタノールは，エタノールと構造がとてもよく似ており，拮抗阻害剤として作用する．

応用問題

29. そのデータは，反応がピルビン酸と ADP においては一次反応であり，リン酸においては二次反応であることを示している．全体の反応は四次反応である．
30. 阻害されない反応における V_{max} を見積もることは難しく，90 μmol/min を V_{max} とすると，K_m は 20 μM（反応速度が V_{max} の半分，つまり 45 μmol/min のときの基質濃度［S］の値）となる．しかし，V_{max} を 100 μmol/min とすると K_m は 25 μM となる．阻害された反応の V_{max} は 16 μmol/min，K_m は 15 μM と考えられる．

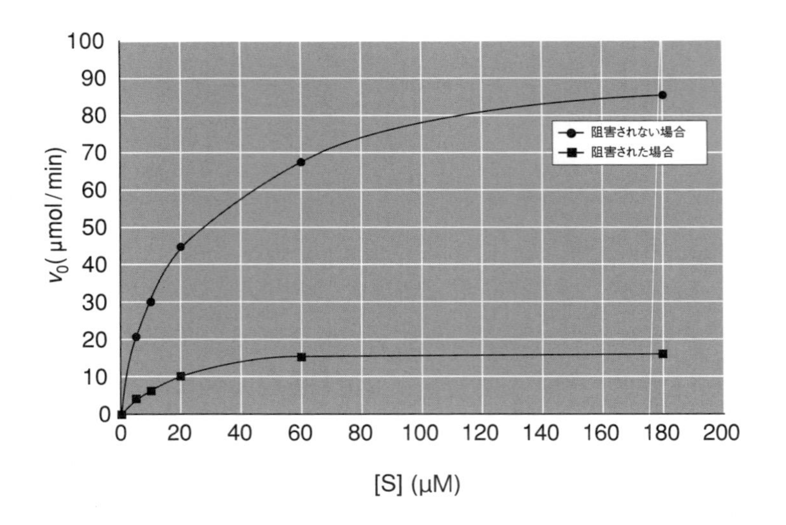

32. 各段階の遷移状態は次のようになる．

段階 1　$H_3C-C^{\delta+}(CH_3)_2 \cdots Cl^{\delta-}$

段階 2　$H_3C-C^{\delta+}(CH_3)_2 \cdots OH_2$

34. $V_{\max} = 10\ \mu M/s$，$K_m = 5\ \mu M$.

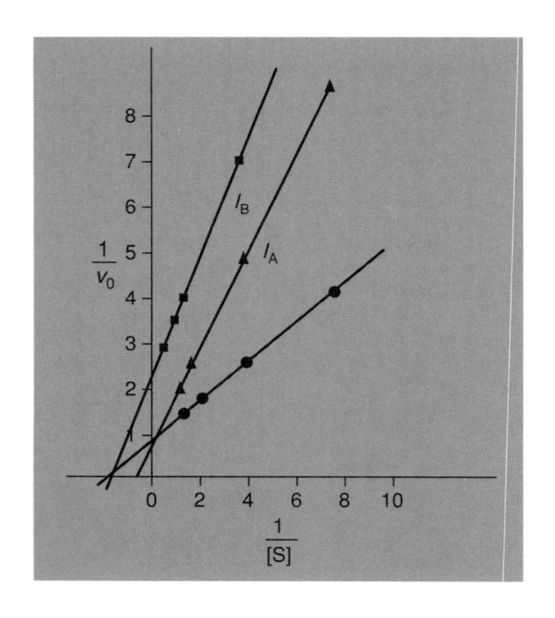

35. カタラーゼは，炭酸脱水酵素よりも高い基質親和性と代謝回転数をもつ．

36. この酵素は，リンゴ酸を脱水してフマル酸にする傾向を，その逆反応よりも強くもつ．クエン酸回路をリンゴ酸の酵素生成によって駆動させるためには，リンゴ酸濃度は非常に低くなければならない．

38. 各反応物における反応速度は一次である．全体の速度を表すと

    反応速度$= k[\mathrm{A}][\mathrm{B}]$

    である．全体の反応は二次である．

40. このセリン残基はセリントライアドを構成している．これがセリンのOHの反応性をよりいっそう高くしている．ジイソプロピルフルオロリン酸はセリンに隣接する活性部位に適合し，すばやく反応する．

42. 図6.18参照.

45. カルボキシ基のアニオン由来の電子がヒスチジンのプロトンを攻撃し，ヒスチジンの電子を放出することで，より強い塩基となる．

CHAPTER

7 糖　　質

復習問題

1. a．単糖：少なくとも3個の炭素原子を含むポリヒドロキシアルデヒドまたはケトン．
   b．アルドース：アルデヒド官能基をもつ単糖．
   c．ケトース：ケトン官能基をもつ単糖．
   d．ジアステレオマー：エナンチオマーではない立体異性体（鏡像異性体）．
   e．エピマー：一つの不斉中心について他と立体配置が異なる分子．
2. a．ヘミアセタール：一般式RCH(OR)OHで表される有機分子ファミリーの一つ．アルコール1分子とアルデヒド1分子の反応によって形成される．
   b．ヘミケタール：一般式RRC(OR)OHで表される有機分子ファミリーの一つ．アルコール1分子とケトン1分子の反応によって形成される．
   c．アノマー：ヘミアセタールまたはヘミケタールの環化反応中に形成される可能性のある，ジアステレオマー2種のうちの一つ．
   d．フラン：1個の酸素原子を含む五員環の有機分子．フラノースはフランを基にして命名された．
   e．ピラン：1個の酸素原子を含む六員環の有機分子．ピラノースはピランを基にして命名された．
4. a．グリコシド結合：少なくとも1個のアノマー炭素を介して結合した，二つの単糖の間に形成されるアセタール結合．
   b．配糖体：砂糖のアセタール型．
   c．二糖：二つの単糖残基からなるグリコシド．
   d．オリゴ糖：2～10個の単糖で構成される中型の炭水化物．
   e．多糖：グリコシド結合でつながった単糖の直鎖状または枝分かれ状の重合体．
6. a．デオキシ糖：HがOH基に置き換えられた単糖．
   b．ガラクトース血症：ガラクトース代謝に必要な酵素が欠損した遺伝性疾患．症状として肝障害，白内障，重度の精神遅滞などがあげられる．
   c．セロビオース：セルロース分解の二糖産物．β（1→4）グリコシド結合でつながった2分子のグルコース．
   d．グリカン：単糖の重合体，多糖．
   e．キチン：節足動物の外骨格および多くの菌類の細胞壁の主要な構造成分．*N*-アセチルグルコサミン残基からなるホモグリカン．
8. a．複合糖質：共有結合した炭水化物成分（たとえば糖タンパク質や糖脂質）をもつ分子．
   b．糖脂質：スフィンゴ糖脂質．単糖，二糖，またはオリゴ糖が*O*-グリコシド結合を介してセラミドにつながっている分子.

c．プロテオグリカン：コアタンパク質分子につながった多数のグリコサミノグリカン鎖を含む巨大分子.

d．糖タンパク質：炭水化物分子がアミノ酸側鎖に共有結合している複合タンパク質.

e．糖暗号：糖鎖の共有結合による，タンパク質の情報暗号化能力の大幅な増加.

10. D ファミリーの糖において，カルボニル基から最も遠位にある不斉炭素につく OH は，フィッシャー投影式において右側にある．だから (+)-グルコースと (−)-フルクトースは，それらの平面偏光の回転が逆方向であるにもかかわらず D 糖である.

12. a．非還元性

b．非還元性

c．還元性

d．非還元性

e．還元性

14. a．ラフィノースは，グルコースとの $\alpha(1\to6)$ 結合をもつ α-D-ガラクトースからなり，これがフルクトースとの $\alpha, \beta(1\to2)$ 結合をもつ．その系統名はガラクトピラノシル-α-$(1\to6)$-グルコピラノシル-$\alpha, \beta(1\to2)$ フルクトフラノースである.

b．ラフィノースは非還元糖である.

c．ラフィノースは変旋光できない.

16. 糖タンパク質において糖質基が最も頻繁に結合しているのは，アスパラギンのアミド窒素，セリン残基およびトレオニン残基のヒドロキシ酸素である.

18. プロテオグリカンはきわめて大きな分子で，コアタンパク質に結合した多数のグリコサミノグリカン鎖を含む．おもに細胞外液に含まれ，炭水化物の含有量が多いことから，大量の水を結合させることができる．糖タンパク質は，補欠分子族が炭水化物分子である共役タンパク質である．その炭水化物基は，水素結合を介して分子を安定化し，変性から分子を保護し，さらにタンパク質を加水分解から保護する．細胞表面に存在する糖タンパク質上の炭水化物基は，さまざまな認識現象において重要な役割を果たしている.

応用問題

20.

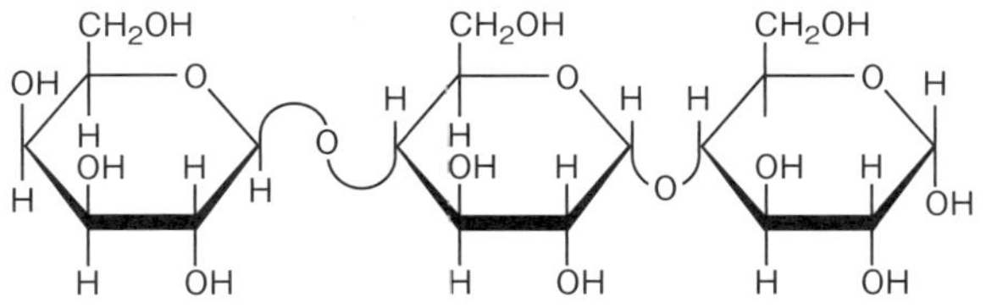

21. ステロイドがグルクロン酸と共役している場合，グルクロン酸の OH 基は水と水素結合を形成する．この構造的特徴が共役ステロイド分子の溶解度を高める.

23. 種子は種子植物の分散体である．植物はフルクトースなどの糖を合成し，動物が好むような果実を生成する（分散メカニズム）．穀物を産生する植物は，種子を拡散させる手段として風分散を利用する．そのため発芽中のエネルギー源として使用される炭水化物は，デンプンのかたちをしている.

25. プロテオグリカンによって多量に吸収される水は圧縮できない．そのため，プロテオグリカンを多量に含む組織は機械的圧迫に対していくらか保護される．すなわち，組織は圧迫を受けたときに変形に耐える.

27. マンヌロン酸は四つのキラル中心をもつので，2 の 4 乗，つまり最大数 16 の異性体をもつ.

29. アルドヘキソースの2～6位では，すべての炭素がアルコール性OH基をもつので，リン酸エステルを生成可能であるが，対照的に，アノマー炭素のリン酸塩は混合無水物であることが1位に生成しない理由である．

31. この情報は，C-6のヒドロキシ基がメチル化されているため，フルクトース分子が五員環をもつことを示している．

33. 糖が変旋光を受けるためには，構造の一部にヘミアセタールまたはヘミケタールがなければならない．スクロースのアノマー炭素は，完全アセタールで結合している．

35. 三つの糖が生成可能である．タロースは，C-2でのガラクトースのエピマー化によって生成される糖である．C-4のエピマーはグルコースであり，C-3のエピマーはガラクトースである（それぞれの構造については図7.3を参照）．

37. ソルビトールのOH基と水との間の水素結合により，水分損失が防がれる．

39. 還元糖としてふるまうには，アルカリ性の媒体を必要とする．このような条件下で，フルクトースはアルドースに変換され，積極的に還元糖としてふるまう．

CHAPTER

8 糖質の代謝

復習問題

1. a．解糖：1分子のグルコース分子を2分子のピルビン酸に変換する酵素経路．この嫌気性過程は，二つのATP分子と二つのNAOH分子のかたちでエネルギーを生成する．
   b．ペントースリン酸経路：NADPH，リボース，他のいくつかの糖を産生する生化学的経路．
   c．糖新生：非炭水化物分子からのグルコースの合成．
   d．グリコーゲン分解：血糖値が低いときに，グリコーゲン重合体からグルコース分子を外す生化学的経路．
   e．グリコーゲン合成：血糖値が高いときに，伸長中のグリコーゲン重合体にグルコースを追加する生化学的経路．
2. a．嫌気性生物：エネルギーを生成するために酸素を使わない生物．
   b．好気性生物：エネルギーを生成するために酸素を使う生物．
   c．好気的呼吸：酸素が最終電子受容体として使われ，食品分子からエネルギーを生成する代謝過程．
   d．アルドール開裂：アルドール縮合の逆反応．
   e．基質準位のリン酸化：高エネルギー有機基質分子の発エルゴン分解と組み合わせた，リン酸化によるADPからのATP合成．
4. a．コリ回路：骨格筋などの組織で生成された乳酸が肝臓に移動し，糖新生の基質となる代謝過程．
   b．グルカゴン：膵臓α細胞から放出されるペプチドホルモン．肝臓グリコーゲンの分解を介して血糖値を増加させる効果がある．
   c．グルコース-アラニン回路：筋肉と肝臓の間で2-オキソ酸を再利用し，肝臓にアンモニアを輸送する方法．
   d．低血糖症：正常より低い血糖値を示す．
   e．抗酸化剤：他の分子の酸化を防ぐ物質．
6. a．インスリン：グリコーゲン生成を促進し，グリコーゲン分解を阻害するホルモン．
   b．グルカゴン：グリコーゲン分解を促進し，グリコーゲン生成を阻害するホルモン．
   c．フルクトース2,6-ビスリン酸：PFK-1を活性化し，解糖を促進するエフェクター分子．
   d．UDPグルコース：活性化された型のグルコース．グルコース単独よりも活性部位が強固に保たれるグリコーゲン合成のための基質．
   e．cAMP：サイクリックAMP．グルカゴンまたはエピネフリンに反応してATPから生成されるセカンドメッセンジャー分子．
   f．GSSG：グルタチオンの酸化型．グルコース-6-リン酸デヒドロゲナーゼの活性化剤で，ペントースリン酸経路の重要な調節段階を触媒する．

g．NADPH：重要な還元剤の一つ．還元過程（たとえば脂質生合成）および抗酸化メカニズムに必要な $NADP^+$ の還元型（NADPH は強力な抗酸化剤である）．

8. a．ATP の消費：1 番目の反応（グルコース 6-リン酸合成）と 3 番目の反応（フルクトース 1,6-ビスリン酸合成）

b．ATP の合成：7 番目の反応（グリセリン酸 3-リン酸合成）と 10 番目の反応（ピルビン酸合成）

c．NADH の合成：6 番目の反応（グリセリン酸 1,3-ビスリン酸合成）

10. パスツール効果において，酸素はグルコース消費を抑制する．いいかえると，酸素が利用可能であるときと比べて，酸素が欠乏した好気性細胞ではより急速に酸化される．*S. cerevisiae* で観察されるクラブツリー効果において，解糖は酸素による影響を受けない．代わりに過剰なピルビン酸がエタノールに変換され，環境中に放出されて競争微生物を殺す．さらにグルコースは好気的代謝を抑制するが，これはパスツール効果とは逆の現象である．

12. a．糖新生：細胞質とミトコンドリア

b．解糖：細胞質のみ

c．ペントースリン酸経路：細胞質

14. 酵母のような生物は，NAD^+ を再生するための水素受容体としてアセトアルデヒドを利用する．エタノールはアセトアルデヒドの還元産物である．

16. 解糖は 2 段階で進行する．第一段階では，グルコースがリン酸化され，2 分子のグリセルアルデヒド 3-リン酸に切断される．この段階で 2 分子の ATP が消費される．第二段階では，それぞれのグリセルアルデヒド 3-リン酸がピルビン酸に変換され，この過程で 4 分子の ATP と 2 分子の NADH が生成される．

18. 無益回路は，順方向と逆方向の反応が異なる酵素に触媒されることで阻止される．どちらも独立して調節される．

20. 図 8.3 と図 8.4，すなわちグルコースがピルビン酸へ変換される解糖の第一段階と第二段階を参照せよ．そして，以下のようにピルビン酸はアルコール発酵によってエタノールに変換される．

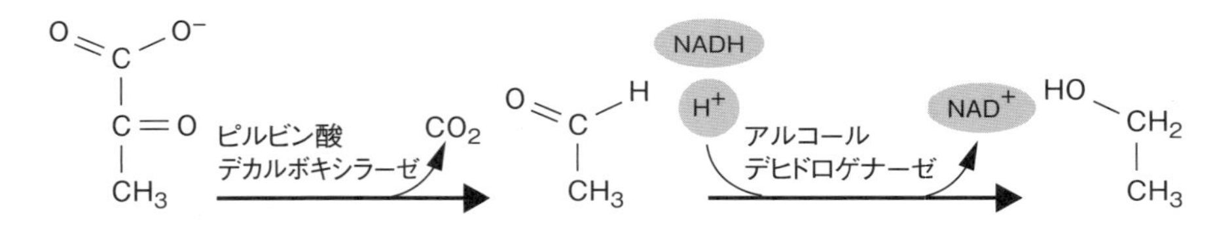

22. 脳細胞（そして赤血球）は要求するエネルギーをグルコースのみに依存しているので，極端な低血糖はきわめて危険である．極端な低血糖は昏睡を起こすので，迅速な医学的対応が必要となる．低血糖状態が延長あるいは繰り返された場合には，長期にわたる脳の損傷や機能障害につながることもある．

24. コリ回路では，運動時の筋肉において嫌気性条件下で産生された乳酸が肝臓にわたされ，そこでピルビン酸に変換された後，グルコースに変換されて筋肉にもどされる．筋肉では，グルコースは解糖を経てピルビン酸を形成するが，その際，NADH と反応して乳酸と NAD^+ を生成する．コリ回路の生理的意義は，嫌気性条件下での運動時の筋肉が，エネルギーのための ATP を生成できるよう，NAD^+ を再生して解糖を継続させることである．

26. インスリンとグルカゴンは膵臓の細胞から産生される．エピネフリンとコルチゾールはストレスに応答して副腎の細胞から産生される．

応用問題

28.

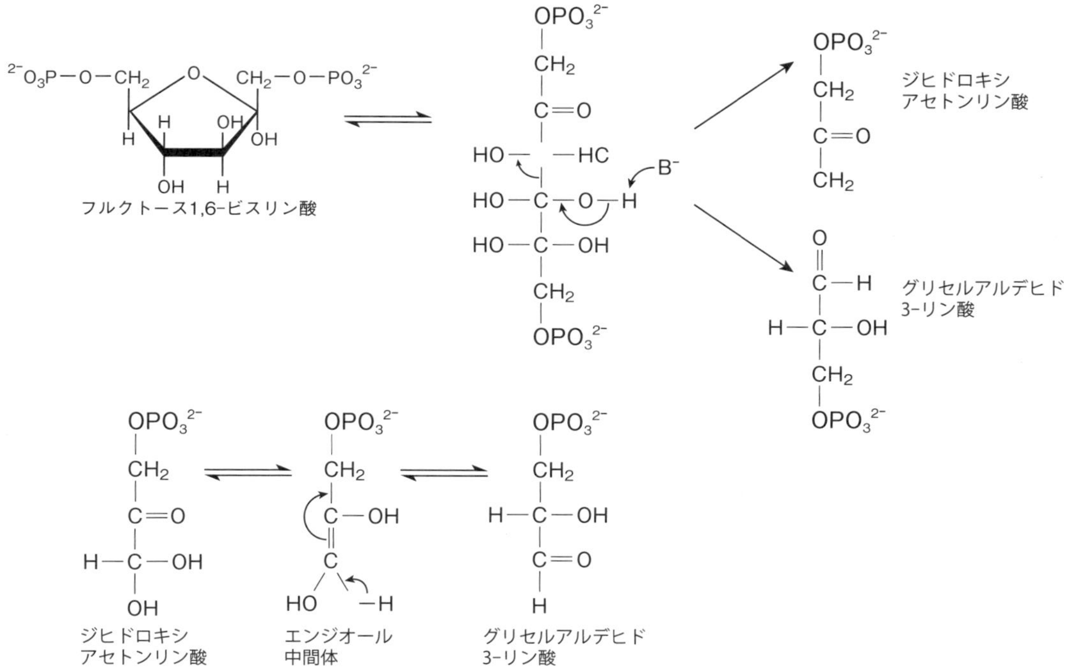

フルクトース1,6-ビスリン酸

ジヒドロキシアセトンリン酸

グリセルアルデヒド3-リン酸

ジヒドロキシアセトンリン酸　エンジオール中間体　グリセルアルデヒド3-リン酸

29. 肝臓および他の体組織に存在するヘキソキナーゼⅠ，Ⅱ，Ⅲは，グルコースに高い親和性をもち，グルコース6-リン酸による阻害を受ける．そのため高血糖時の細胞は，充足分以上のグルコース分子をリン酸化することはない．肝臓に存在するヘキソキナーゼⅣ（グルコキナーゼ）は，グルコースに対する親和性が比較的低く，グルコース6-リン酸によって阻害されず，グルコースをグリコーゲン合成に用いることができる．ヘキソキナーゼⅣの速度論的性質によれば，炭水化物摂取後，他の組織のグルコース要求が満たされるまで，肝臓でのグリコーゲン合成は開始されない．

31. 新たなグリコーゲン分子の合成においては，グリコゲニンと呼ばれるプライマータンパク質がグリコーゲン産生を開始するために使われる．グルコースはUDPグルコースからグルコゲニンの特異的なチロシン残基に転移する．そして，このグルコースがグリコーゲン分子の新規な成長の開始点として役立つ．

33. ホスホエノールピルビン酸は，エノールリン酸を別の分子に転移することでビニルアルコールを生成するため，リン酸基の転移ポテンシャルが高い．ビニルアルコールは速やかにケト型に互変異性化し，ほぼ元にもどらない．

35. エタノールが最も還元された分子で，酢酸が最も酸化された分子である．有機分子の酸化度は酸素含有量と相関関係をもち，酢酸はエタノールよりも多くの酸素を含有する．

37. OH基自体は容易には置換されない．一方で，OH基のリン酸エステルへの変換は非常に容易に達成される．これらのエステルは優れた脱離基であり，置換時には，あたかもOHが反応したのと同じ効果を発揮する．

39. 筋肉タンパク質がアミノ酸に分解されると，大部分はオキサロ酢酸またはピルビン酸に変換される．これらの分子はともに糖新生経路の基質となる．

41. 肝臓におけるエタノール酸化の生成物はアセトアルデヒド（有毒な分子）とNADHである．過剰（エネルギー産生に必要とされる量以上）にNADH分子が生成すると，脂肪合成が増加する．子供の肝臓は十分には発達していないので，脂肪の蓄積は容易に肝臓を損傷する．そして肝臓の機能が低下する．

CHAPTER 9

好気的代謝 I：クエン酸回路

復習問題

1. a．絶対嫌気性生物：無酸素条件下でのみ生育する生物．
   b．酸素耐性嫌気性生物：エネルギー需要を満たすために発酵に依存し，有毒な活性酸素種（ROS）からの保護機能を備えた生物（解毒酵素および抗酸化分子）．
   c．通性嫌気性生物：ROS を解毒する能力をもつ生物．酸素が利用可能であれば，それを電子受容体として用いてエネルギーを生成する．
   d．絶対好気性生物：エネルギー産生を酸素に大きく依存している生物．
   e．活性酸素種：分子状酸素の反応性誘導体．スーパーオキシドラジカル，過酸化水素，ヒドロキシルラジカル，一重項酸素を含む．
2. a．チアミンピロリン酸：チアミンの補酵素型．ビタミン B_1 とも呼ばれる．
   b．リポ酸：一つのカルボキシレート基，および容易に酸化または還元される二つのチオール基を含む生体分子．ピルビン酸デヒドロゲナーゼ複合体と 2-オキソグルタル酸デヒドロゲナーゼ複合体において，アシル基担体として機能する．
   c．ピルビン酸デヒドロゲナーゼ複合体：ピルビン酸の酸化的脱炭酸反応を触媒してアセチル CoA，二酸化炭素および NADH を生成する酵素複合体．
   d．ヒドロキシエチル TPP：ヒドロキシエチル-チアミンピロリン酸．ピルビン酸が酸化的脱炭酸化によりアセチル CoA を生成する際の中間体．
   e．ヌクレオシド二リン酸キナーゼ：ヌクレオチドとヌクレオシド二リン酸の間のホスホリル基の可逆的転移を触媒する酵素．
4. 古代の地球は，メタンとアンモニアを含むが，酸素を欠いた大気で覆われていた．光合成が進むにつれて，酸素が大気中に放出された．続いて，この酸素がメタンと反応して二酸化炭素を形成し，アンモニアと反応して分子状窒素を形成した．酸素が継続的に放出されると，おもに酸素，窒素および二酸化炭素からなる酸化雰囲気が生みだされた．
6. クエン酸回路は好気性呼吸の重要な要素である．この回路の酸化還元反応中に生成された NADH と $FADH_2$ は，ミトコンドリアの電子伝達鎖に電子を与える．クエン酸回路の中間体は生合成前駆体としても使われる．
8. グリオキシル酸回路は，二酸化炭素を放出する二つの反応が迂回されるクエン酸回路の変形版である．結果としてグリオキシル酸回路をもつ生物は，アセテートやアセチル CoA などの二炭素分子を用いて大きな分子を合成できる．
10. イソクエン酸デヒドロゲナーゼは NAD^+（または $NADP^+$）と補因子としてマンガン（Mn^{2+}）を必要とす

る．2-オキソグルタル酸デヒドロゲナーゼ複合体はTPP（チアミンピロリン酸），リポ酸，CoASH（補酵素A），NAD^+を必要とする．コハク酸デヒドロゲナーゼはFADを必要とする．リンゴ酸デヒドロゲナーゼはNAD^+を必要とする．

12. 自由エネルギー変化は以下の通りである．

a．$1/2O_2 + NADH + H^+ \longrightarrow H_2O + NAD^+$

$\Delta E^\circ = 0.82\ V + 0.32\ V = 1.14\ V$

$\Delta G^\circ = 2(96{,}485\ J/mol\cdot V)(1.14\ V)$

$= 219{,}985\ J$

$= 220\ kJ$

b．$S + NADH + H^+ \longrightarrow H_2S + NAD^+$

$\Delta E^\circ\ -0.23\ V + 0.32\ V = 0.09\ V$

$\Delta G^\circ = 2(96{,}485\ J/mol\cdot V)(0.09\ V)$

$= 17{,}367\ J$

$= 17\ kJ$

14. 少量の［$1\text{-}^{14}C$］グルコースを，好気的培養をしている酵母に与えると，放射能標識は，クエン酸分子の3位の炭素原子に付加しているカルボキシ基の炭素に入る．解糖によって［$1\text{-}^{14}C$］グルコースは2分子のピルビン酸に分解される．そのうちの1分子はカルボキシ基の炭素（C-1）に^{14}Cをもっている．^{14}Cで標識されたピルビン酸がピルビン酸デヒドロゲナーゼによってアセチルCoAに変換されると，カルボキシ基の炭素は二酸化炭素（$^{14}CO_2$）として放出される．ところが，ピルビン酸がカルボキシル化されてオキサロ酢酸になると，^{14}Cはオキサロ酢酸のC-1になる．さらにアセチルCoAと反応すると，^{14}Cはクエン酸のC-3に付加したカルボキシ基の炭素になる．

16. 発がん性の好気的解糖にかかわる遺伝子の役割は次の通りである．*cMyc*は，細胞分裂とアポトーシスにかかわる多くの遺伝子発現を調節する転写因子である．未制御の*cMyc*を発現する腫瘍は，ヌクレオチド（DNA合成），アミノ酸（タンパク質合成），脂質（膜合成）のような，細胞分裂に必要な分子の合成経路に解糖中間体を迂回させる．*HIF-1*は，酸素濃度が一時的に低いときに，細胞の生存を促進する遺伝子を常時誘導する転写因子である．腫瘍において安定化*HIF-1*は，通常より多くのピルビン酸をミトコンドリアの酸化から回避させることで酸素要求量を減少させる．*PKB*は，グルコースの取り込みと解糖を促進することで発がんを促進し，急速な成長に必要な生合成経路に解糖中間体を転換する．*p53*は100以上の遺伝子発現を調節する転写因子であり，そのうちのいくつかはエネルギー代謝を調節する．主要な腫瘍抑制因子である*p53*が不活化されると，解糖系フラックスの増加および酸化的リン酸化の減少のため，一部に好気的解糖が生じる．

18. クエン酸回路の正味の式は以下の通りである．

アセチルCoA + $3NAD^+$ + FAD + GDP（またはADP） + P_i + $2H_2O$
$\longrightarrow$ $2CO_2$ + 3NADH + $FADH_2$ + CoASH + GTP（またはATP） + $2H^+$

応用問題

20. フルオロ酢酸はCoASHと反応してフルオロアセチルCoAを形成し，次にクエン酸シンターゼによってフルオロクエン酸に変換される．いったんフルオロクエン酸がアコニターゼの活性部位に入ると，中間体の2-

フルオロ-*cis*-アコニット酸が形成される．しかし，引き続くヒドロキシ基の付加は，負電荷をもつフッ素の除去を伴う二重結合の移動をもたらし，4-ヒドロキシ-*trans*-アコニット酸となる．

21.

フルオロ酢酸　　　4-ヒドロキシ-*trans*-アコニット酸

23. a．$\mathrm{NADH} + \mathrm{H}^+ + \frac{1}{2}\mathrm{O}_2 \longrightarrow \mathrm{NAD}^+ + \mathrm{H_2O} \qquad \Delta E^{\circ\prime} = +1.14\ \mathrm{V}$

$$\begin{aligned}\Delta G^{\circ\prime} &= -nF\Delta E^{\circ\prime}\\ &= (-2)(96{,}485\ \mathrm{J/V{\cdot}mol})(+1.14\ \mathrm{V})\\ &= -219{,}985.8\ \mathrm{J/mol}\\ &= -220\ \mathrm{kJ/mol}\end{aligned}$$

b．2シトクロム$c\,(\mathrm{Fe}^{2+}) + \frac{1}{2}\mathrm{O}_2 + 2\,\mathrm{H}^+ \longrightarrow$ 2シトクロム$c\,(\mathrm{Fe}^{3+}) + \mathrm{H_2O} \qquad \Delta E^{\circ\prime} = 0.58\ \mathrm{V}$

$$\begin{aligned}\Delta G^{\circ\prime} &= (-2)(96{,}485\ \mathrm{J/V{\cdot}mol})(+0.58\ \mathrm{V})\\ &= -112\ \mathrm{kJ/mol}\end{aligned}$$

25. 酢酸はアセチル CoA に変換される．アセチル CoA は次にクエン酸回路でオキサロ酢酸に変換される．オキサロ酢酸は糖新生を経てグルコースに変換される．過剰のグルコースは次にグリコーゲンとして貯蔵される．

27. 低酸素濃度では，細胞は解糖をエネルギー源として使うことに切り替える．その結果，ATP 濃度が低下する．十分な ATP がないと，細胞は細胞内の適切なイオン濃度を維持できない．このことで生じる結果のなかで特徴的なのは，カルシウム濃度の上昇と，それに伴うホスホリパーゼのようなカルシウム依存性の酵素群の活性化である．ホスホリパーゼは細胞膜のリン脂質を分解する．また，浸透圧が上昇することにより細胞は膨潤し，細胞内の成分が漏出する．

29. ピルビン酸デヒドロゲナーゼはピルビン酸のアセチル CoA への変換を触媒する．アセチル CoA は次にクエン酸回路で使われる．ピルビン酸デヒドロゲナーゼが不足すると，ピルビン酸が蓄積する．ピルビン酸が過剰になると，乳酸濃度が高くなる．ピルビン酸はアミノ基転移によってアラニンに変換されるので，アラニン濃度も上昇することが予想される．

31. 共通に存在しうる二炭素の分子は酢酸とアセチル CoA である．

CHAPTER

10 好気的代謝Ⅱ：電子伝達と酸化的リン酸化

復習問題

1. a．電子伝達：一連の酸化還元反応における，一つの電子担体から別の電子担体への電子の移動．

b．ETC：電子伝達鎖．さまざまなエネルギーレベルで電子と可逆的に結合する一連の電子担体タンパク質．

c．Q サイクル：電子伝達時の，還元型補酵素 Q（UQH_2）からシトクロム c への電子移動．

d．プロトン駆動力：プロトン勾配と膜電位から生じる力．

e．UQH_2：還元型補酵素 Q.

2. a．複合体Ⅰ：NADH デヒドロゲナーゼ複合体．ミトコンドリアの電子伝達鎖において NADH から UQ への電子移動を仲介する．

b．複合体Ⅱ：コハク酸デヒドロゲナーゼ複合体．ミトコンドリアの電子伝達鎖において $FADH_2$ を介したコハク酸から UQ への電子移動を仲介する．

c．複合体Ⅲ：シトクロム bc_1 複合体．ミトコンドリアの電子伝達鎖において UQH_2 からシトクロム c への電子移動を仲介する．

d．複合体Ⅳ：シトクロムオキシダーゼ．酸素から水への 4 電子の還元を触媒する．

e．レスピラソーム：ミトコンドリア内膜の機能的な好気的呼吸単位．Ⅰ，$Ⅲ_2$，$Ⅳ_{1\text{-}2}$ 超複合体は動物，植物，菌類で同定されている．

4. a．シトクロム：補欠分子族のヘムをもつ電子輸送タンパク質のファミリーの一つ．ヘム鉄は酸化と還元を交互に受ける．

b．グリセロールリン酸シャトル：グリセロール 3-リン酸を使って，細胞質ゾルの NADH からミトコンドリアの FAD に電子を移動する代謝過程．

c．リンゴ酸-アスパラギン酸シャトル：細胞質ゾルの NADH からミトコンドリアの NAD^+ に電子を移動する代謝過程．

d．脱共役タンパク質：プロトンを移動してミトコンドリア内膜を隔てたプロトン勾配をなくす分子．

e．オリゴマイシン：ATP シンターゼのプロトンチャネルを遮断する抗生物質分子．

6. a．スーパーオキシドジスムターゼ：スーパーオキシドラジカルからの過酸化水素と酸素の生成を触媒する酵素の一種．

b．ペルオキシレドキシン：過酸化物を解毒する酵素の一種．

c．チオレドキシン：抗酸化物質として作用するタンパク質．ジチオール-ジスルフィド活性部位を含み，他のタンパク質の還元を促進する．

d．β-カロテン：黄橙色および濃緑色の果物や野菜に含まれる抗酸化物質．

e．アスコルビン酸：細胞および細胞外液の水溶性領域の活性酸素種（ROS）を除去する抗酸化物質．

8. 化学浸透圧説は，おもに次のような特徴をもつ．電子が電子伝達鎖（ETC）を通過すると，プロトンがマトリックスから輸送されて膜間腔に放出され，その結果として，電位（Ψ）およびプロトン勾配（ΔpH）が内膜を隔てて形成される．電気化学的プロトン勾配はプロトン駆動力（Δp）とも呼ばれる．膜間腔に大量に存在するプロトンは，プロトン輸送 ATP シンターゼを介して，濃度勾配を下るように内膜を通過し，マトリックスにもどることができる．
10. ミトコンドリアの電子伝達駆動プロトン勾配は，ATP 合成に加えて，内膜を横切る物質（たとえばリン酸 ADP および ATP）の輸送を駆動し，それが減少したときの熱産生に関与する（非振動型熱産生）．
12. 酸素は食品分子からのエネルギー収率が大きく，容易に利用できるため，エネルギー源として広く用いられる．
14. c，d，f はすべて活性酸素種である．これらはそれぞれフリーラジカルとして作用でき，さまざまな細胞成分を攻撃することで，酵素不活化，多糖類の解重合，DNA 切断および膜破壊のような影響を及ぼす．
15. ROS は酵素を不活化し，多糖類を解重合し，DNA を切断し，膜を破壊することにより細胞を損傷する．
17. それぞれの物質の電子伝達系における最終生成物は，本文中では具体的にあげられていないが，最も高酸化状態の原子が最還元された型に基づいて推測することができる．硝酸（NO_3^-）中の窒素原子の酸化状態は +5 であり，可能な還元生成物は NO_2^-，NO，N_2 で，最も還元された型は NH_3 である．三価鉄イオン（Fe^{3+}）は，二価イオン（Fe^{2+}）または金属鉄に還元できる．二酸化炭素が最も還元された炭素の型は CH_4 である．硫酸塩（SO_4^{2-}）と単体硫黄の両方の還元では，最も還元された型の硫黄，硫化物，S_2^- が最終生成物となりうる．
19. 再灌流による心臓細胞の損傷は，おもに ROS の産生と mPTP（ミトコンドリアの膜透過性遷移孔）の開口が原因となることが多い．ROS は，ミトコンドリアの ETC の再活性化，好中球の NADPH オキシダーゼとキサンチンオキシダーゼ，鉄が誘導するヒドロキシイオンの産生によって生成される．アシドーシスは乳酸の蓄積によって誘導され，酸素を放出するヘモグロビンの増加が引き金となる．再灌流はまた，一酸化窒素の合成を促進する．mPTP の開口は，ミトコンドリアの膜ポテンシャルを崩壊させる．
21. バリノマイシンのようなイオノホアを通って膜を横切った K^+ の流れは，電位勾配を低下させる．その結果，ATP 合成に使用されるはずだったエネルギーのいくらかは熱として散逸してしまう．このことが，バリノマイシンによって体温が上昇したり汗をかいたりする理由である．
23. 活発に呼吸しているミトコンドリアにアジ化物を加えると，複合体Ⅳのシトクロム c オキシダーゼが阻害される．その結果，マトリックス側に酸素と H^+ が蓄積し，膜間腔のシトクロム c が減少する．
25. 非振動型熱産生では，脂肪酸の酸化によって発生したエネルギーが熱として放出される．プロトンチャネルをもつタンパク質二量体の UCP1 は，内膜を隔てたプロトン勾配をなくし，ATP 合成の低下と熱の放出を引き起こす．

応用問題

26. 標識した酢酸分子がアセチル CoA に変換されると，クエン酸回路を通して処理される（図 9.8）．中間体のコハク酸が対称構造であるため，$^{14}CO_2$ は 2 回転以上するまでは放出されない．1 mol の酢酸から生成される ATP のモル数は次のように計算される．1 回転ごとに 10 ATP が生成される．$^{14}CO_2$ の放出には 2 回転を必要とするので，合計 20 ATP が生成される．酢酸をアセチル CoA に変換するのに 2 ATP が消費されるので，ATP の正味の産生量は 18 mol である．
28. 1 mol のエタノールが酸化されてアセチル CoA に変換されると，2 mol の NADH が生成する．クエン酸回路において酢酸が二酸化炭素と水に変換されると，3 NADH，1 $FADH_2$，1 GTP が生成する．アスパラギン酸-リンゴ酸シャトルが働くとすると，細胞質の 1 NADH は 2.25 ATP を生じるので，合計 4.5 ATP となる．ミトコンドリアの1 NADHは2.5 ATPを生じるので，合計7.5 ATPとなる．1 $FADH_2$は1.5 ATPを生じるので，合計1.5 ATPとなる．1 GTPは0.75 ATPを生じるので，合計0.75 ATPとなる．以上により，エタノールの酸化によって産生されるのは14.25 ATPである．

30. 有機過酸化物（ROOH）は，グルタレドキシンによってアルコール（ROH）と水に還元される．電子の供給源であるGSHは，反応中に酸化されてGSSGを生じる．GSSGから還元型GSHが再生するには，NADPHのような電子源が必要である．

32. 系が効率的に稼働するためには，エネルギーが段階的に放出されるほうがよい．それぞれの比較的大きな電位の低下は，1分子のATPの生成に必要なエネルギーに相当する．エネルギーが一度にすべて放出されると，その多くは熱として放出され，ATPはほとんど生成されない．シトクロムの電圧がゆるやかに変化したほうが，段階的にエネルギーを放出することが可能になる．

34. ロテノンは，NADHを酸化する複合体Ⅰを阻害する．NADHは，基質としてアセチルCoAとともにクエン酸回路から供給されるピルビン酸誘導体である．コハク酸は複合体Ⅱの基質であり，電子伝達系ではロテノンの阻害箇所よりも下に存在する．

36. 酸素がラジカルとして作用し，アミノ酸のα位から水素を除去する．これによってアミノ酸のα位にラジカルが生成する．このラジカルは次に他の酸素分子と反応し，アルキルペルオキシラジカル（RCOO·）が生成する．

CHAPTER

11 脂質と膜

復習問題

1. a．脂肪酸：モノカルボン酸．RCOOH で表され，R はアルキル基．
   b．一価不飽和脂肪酸：炭素間二重結合を一つもっている脂肪酸．
   c．多価不飽和脂肪酸：炭素間二重結合を二つ以上もっている脂肪酸．通常，メチレン基で隔てられている．
   d．飽和脂肪酸：炭素間二重結合をもたない脂肪酸．
   e．アシル基：ヒドロキシ基が除かれたカルボン酸に由来する官能基．
2. a．必須脂肪酸：生体内で合成できないので，食事から供給しなければならない脂肪酸．ヒトではリノール酸とリノレン酸である．
   b．非必須脂肪酸：ヒトの体内で合成できる脂肪酸．
   c．ω-3 脂肪酸：α-リノレン酸とその誘導体で，エイコサペンタエン酸やドコサヘキサエン酸がある．
   d．ω-6 脂肪酸：リノレン酸とその誘導体．
   e．エイコサノイド：炭素数 20 からなるホルモン様分子．その大部分はアラキドン酸から誘導される．たとえばプロスタグランジン，トロンボキサン，ロイコトリエンが含まれる．
4. a．けん化：エステルと塩基（たとえば NaOH）が反応して，カルボン酸の塩を生成すること．エステル化の逆．
   b．ろうエステル：長鎖脂肪酸と長鎖アルコールから合成されたエステル．
   c．ろう：ろうエステルを含む非極性脂質の混合物．
   d．リン脂質：疎水性ドメイン（脂肪酸残基の炭化水素鎖）と親水性ドメイン（極性頭部基）をもつ両親媒性分子．
   e．極性頭部基：リン酸基もしくは他の荷電した極性基を含む部分．
6. a．膜リモデリング：膜の脂質組成の変化であり，膜の流動性が変化し，損傷した分子が置換される．
   b．ホスホリパーゼ：リン脂質を加水分解して，脂肪酸と他の構成分子にする酵素．
   c．セレブロシド：頭部が単糖のスフィンゴ脂質．
   d．ガングリオシド：一つ以上のシアル酸残基をもつオリゴ糖を含むスフィンゴ脂質．
   e．スフィンゴ脂質症：特定のスフィンゴ脂質の分解に必要な酵素を欠損している一連の遺伝的疾患．リソソーム蓄積症の一種．
8. a．キロミクロン：きわめて低密度の巨大リポタンパク質．食事由来のトリアシルグリセロールとコレステロールエステルを小腸から筋肉や脂肪組織へと運搬する．
   b．VLDL：超低密度リポタンパク質．リポタンパク質の一種で，脂肪の相対濃度がとても高い．脂質を肝臓から組織へと運搬する．

c．IDL：中間密度リポタンパク質．超低密度リポタンパク質からトリアシルグリセロール，アポリポタンパク質，リン脂質が取り除かれ，サイズが小さくなり，より高密度になったリポタンパク質の一種．

d．LDL：低密度リポタンパク質．コレステロール，トリアシルグリセロール，リン脂質を含むリポタンパク質の一種．コレステロールを末梢組織へと運搬する．

e．HDL：高密度リポタンパク質：タンパク質含量が高いリポタンパク質の一種で，過剰のコレステロールを細胞膜から除去し，末梢組織から肝臓へと運搬する．

10. a．CFTR：嚢胞性線維症膜貫通型電気伝導調節因子．上皮細胞の塩素チャネルとして機能する細胞膜糖タンパク質．

b．単純拡散：ランダムな分子運動に突き動かされ，個々の溶質が濃度勾配に従って低いほうへ移動すること．

c．促進拡散：担体分子の助けを借りて，溶質が膜を通して拡散すること．

d．Na^+，K^+ ポンプ：ATP の加水分解から得られたエネルギーを用いて，濃度勾配に逆らって Na^+ と K^+ を輸送する膜タンパク質複合体．Na^+，K^+ATP アーゼともいう．

e．アクアポリン：細胞膜にある一連の水チャネルのうちの一つ．

12. a．リン脂質は，膜の構造的構成成分，乳化剤，界面活性剤として主要な働きをする．

b．植物および動物の膜は大量のスフィンゴ脂質を含む．

c．油脂は果実や種子の重要なエネルギー貯蔵体として働く．

d．ろうは，葉と茎の表面，動物の体毛，昆虫の殻で保護膜として働く．

e．ステロイドは動物の膜で重要な構造的役割を果たしている．ある種のステロイドはホルモンとして働く．

f．カロテノイドは，集光性色素として働くことにより，光合成で重要な役割を果たしている．

14. 不飽和脂肪酸の含量によって流動性が増す．一方，コレステロールは流動性を下げる．

16. 油脂の量が不十分な食事をしていると，健康に深刻な影響が出ることがある．この影響には，脂溶性ビタミン（ビタミン A, D, E, K）や必須脂肪酸のリノール酸やリノレン酸の欠乏が含まれており，その結果，乾燥肌，傷みやすい毛，疲労，高血圧，アテローム性動脈硬化症，免疫力の低下，創傷治癒の遅延，うつになる可能性がある．子供では，必須脂肪酸の欠乏が脳の発達障害と関係している．

18. アセチルコリンが神経細胞膜にあるアセチルコリン受容体複合体と結合すると，ナトリウムイオンが神経細胞内へと流れるとともに，少量のカリウムイオンが細胞外へと出ていく．再分極の際にカリウムイオンは，電位依存性カリウムチャネルを通して細胞外へと流れていく．

20. オートクリン調節因子はホルモン様分子であり，それが合成された同じ細胞内で応答の引き金をひく．それに対してホルモンは，ある種の細胞によって合成された分子であるが，体の別の部分にある標的細胞内で応答を引きだす．

22. トリアシルグリセロールの機能には，エネルギー貯蔵，低温からの隔離，衝撃吸収がある．この分子に含まれる高度に還元された長鎖炭化水素に，エネルギーが非常に効率的に貯蔵されている．加えてその疎水性が，脂肪細胞内でのコンパクトな貯蔵を可能にしている．相対的に低い熱伝導率が，熱損失を抑えるとともに，低温から隔離して生体を守っている．

24. より小さな直径の sdLDL が大型低比重 LDL よりも動脈硬化誘導性が高いのは，sdLDL が容易に動脈壁に入り込みやすく，酸化を受けやすいからである．

26. 腎臓の尿細管細胞の細胞膜では，Na^+，K^+ATP アーゼによって生じる Na^+ 勾配によりグルコースが輸送される．これは二次能動輸送である．

28. リポタンパク質の外層は，単層のリン脂質とタンパク質から構成されている．リン脂質の炭化水素鎖は疎水性なので，内側に向いており，内部にある中性脂肪と向かい合っている．それに対してリン脂質の親水基は，外側を向いており，水分子によって溶媒和され，それによってリポタンパク質は血中に溶けることができる．

30. 二重層を形成するには，分子は両親媒性であることが必要である．トリアシルグリセロールは極性のあるエステル結合を三つもっているが，三つの炭化水素鎖が十分長いので，全体としては無極性である．トリアシルグリセロールは，この疎水的な性質のために，脂質二重層を形成せずに，合体して油滴となる．

応用問題

31. 膜の流動性は膜に自由な動きをもたらしている．それでも膜が切断されると，膜の疎水性中心が水溶性環境にむきだしになる．しかし，自発的な疎水性相互作用によって切断部位の端同士が移動してつながり，細胞膜の他の構成成分（たとえば細胞骨格やカルシウムイオン）による修復機構も協調して，膜は修復される．
33. 糖脂質の糖部位は水と水素結合を形成できる．この糖部位が極性基となり，リン脂質の荷電部位と似た役割を果たす．
35. リン脂質分子の周りに配向していた水分子が，リン脂質の極性頭部基から離れる．こうして秩序が失われ，エントロピーは増大する．
37. 高温は，〝通常〟の温度に適応した原核生物の膜を不安定にさせる．好熱性原核生物の膜が高温に耐性なのは，密に詰め込まれた長鎖の飽和脂肪アシル基を含み，また強化因子として働くステロールあるいはその類似分子のような脂質を含むからである．加えて，加水分解されにくいグリセロール-エーテル脂質も含んでいる．
39. ミエリン鞘はおもに電気伝導性の低い疎水性分子から構成されている．高伝導性の水溶性環境のなかで，電気的に活発な神経細胞を絶縁する働きをしている．

CHAPTER

12 脂質の代謝

復習問題

1. a．キロミクロンレムナント：キロミクロン中の約 90％のトリアシルグリセロールがリポタンパク質リパーゼによって取り除かれたもの．
   b．グリセロール生合成経路：グルコースやグリセロール以外の基質から（トリアシルグリセロール合成に必要な）グリセロール 3-リン酸を合成する糖新生経路の一部．
   c．リポタンパク質の外因性経路：トリアシルグリセロールと他の脂溶性栄養素が吸収され，それらが体組織に分配される経路．
   d．アポリポタンパク質 B-48：未成熟キロミクロンのおもな構成要素．アポリポタンパク質 B-100 の mRNA が一部欠損した mRNA から合成される．
   e．腸細胞：小腸の壁細胞．小腸の内腔で消化された栄養素を吸収する．
2. a．β 酸化：カルボキシ末端から炭素数 2 の断片が取り除かれ，アセチル CoA が産生する脂肪酸の分解．
   b．カルニチン：ミトコンドリアの内膜を通って脂肪酸をマトリックスへと輸送する担体分子．
   c．ケトン体生成：過剰なアセチル CoA 分子が，アセト酢酸，β-ヒドロキシ酪酸，アセトン（これらを合わせてケトン体という）へと変換される状態．
   d．ケトン体：肝臓でアセチル CoA からつくられる三つの分子（アセト酢酸，β-ヒドロキシ酪酸，アセトン）．
   e．ケトン症：血中や組織内でケトン体が蓄積されること．
4. a．SREBP-1：ステロール調節エレメント結合タンパク質 1．脂肪酸代謝に関与する遺伝子が二つの転写因子 SREBP-1a と SREBP-1c によって調節される．
   b．SREBP-2：ステロール調節エレメント結合タンパク質 2．コレステロール代謝を調節する転写因子．
   c．PPAR：ペルオキシソーム増殖因子活性化受容体．脂質代謝を調節するリガンド活性型の転写因子の一つ．
   d．高トリグリセリド血症：トリグリセリドの血中濃度が高い状態．
   e．アテローム：動脈壁にできるアテローム硬化症の病変．マクロファージ，脂質，細胞片が含まれている．
6. a．アリル基：有機分子中の $CH_2{=}CH{-}CH_2$ 基．
   b．エポキシド：酸素が三員環に付加されている反応性の高いエーテル．
   c．*S*-アデノシルメチオニン（SAM）：メチル基供与体
   d．3′-ホスホアデノシン 5′-ホスホ硫酸（PAPS）：硫酸基供与体分子であり，スルファチドの合成に利用される．
   e．第一相反応：オキシドレダクターゼやヒドロラーゼがかかわり，疎水性物質を，より極性の分子に変え

る生体内変換反応.

8. 脂肪酸合成とβ酸化の違いを三つあげると次のようになる.

① この二つの経路は細胞内の異なる部分で行われる．脂肪酸合成は細胞質で，β酸化はミトコンドリアで行われる.

② 脂肪酸合成とβ酸化の中間生成物は，それぞれACPとCoASHとチオエステル結合している.

③ 脂肪酸合成の電子伝達体がNADPHであるのに対して，β酸化の電子伝達体はNADHと$FADH_2$である.

10. 問題9の分子（3-メチルヘキサン酸）が酸化されて生成する物質は，2分子のプロピオニルCoA，2分子のNADH，1分子の$FADH_2$，1分子のAMP（これは2分子のATPを失うことと一致している）である．プロピオニルCoAはスクシニルCoAへの変換を介してクエン酸回路に入ることはできないことを考えると，生成する全ATP分子は5（2NADH由来）+ 1.5（$FADH_2$由来）− 2（2-メチル吉草酸の活性型アシルCoAへの変換に由来）= 4.5ATPとなる.

エネルギーを得るために，プロピオニルCoAをさらに酸化してスクシニルCoAへ変換し，クエン酸回路そして電子伝達鎖へと進んでいく．以下にあげたのは，生成された全ATP分子と，ATP生成の反応もしくは経路である（GTPのATPへの変換を前提としている)．「オキサロ酢酸からオキサロ酢酸」はクエン酸回路1回転を示している．「オキサロ酢酸からスクシニルCoA」は，クエン酸回路の一部，つまりスクシニルCoAで止まったことを示している.

プロピオニルCoAからスクシニルCoA：	$+1CO_2$	−1ATP		
スクシニルCoAからオキサロ酢酸：		+1ATP	$+1FADH_2$	+1NADH
オキサロ酢酸からオキサロ酢酸：	$-2CO_2$	+1ATP	$+1FADH_2$	+3NADH
オキサロ酢酸からスクシニルCoA：	$-2CO_2$			+2NADH
全（プロピオニルCoA $\longrightarrow$ $3CO_2$）： ×2プロピオニルCoA	$-3CO_2$	+2ATP	$+2FADH_2$	+6NADH
全（2プロピオニルCoA $\longrightarrow$ $6CO_2$）：	$-6CO_2$	+4ATP	$+4FADH_2$	+12NADH
電子伝達鎖から：			（× 1.5ATP/$FADH_2$）	（× 2.5ATP/NADH）
プロピオニルCoAからのATPと 電子伝達鎖からのATPの合計：		+4ATP	+ 6ATP	+ 30ATP = 40ATP

最終的に，3-メチルヘキサン酸から2分子のプロピオン酸への変換に由来する4.5ATPを加える．無機物の産生は無視すると，3-メチルヘキサン酸がα酸化，β酸化，クエン酸回路，電子伝達鎖を介して完全酸化されると，7分子のCO_2と44.5分子のATPが生じる.

12. 脂肪酸のβ酸化において，最後の反応（C_α—C_β分解）はチオラーゼによって触媒されているので，チオール開裂という．この反応の生成物は，アセチルCoAと，炭素が2個少なくなったアシルC_0Aである.

14. 無βリポタンパク質血症患者が長鎖脂肪酸を吸収できないのは，キロミクロン合成に必要なタンパク質がないからである．中鎖脂肪酸はより吸収されやすく，血中をアルブミンを介して輸送されるという異なった方法で輸送される.

16. この分子の疎水性領域は，長い炭化水素の尾部である．親水性領域はリン酸エステルの官能基である．この炭化水素の尾部は二重層の内部に存在し，リン酸の頭部は膜の表面にある.

18. ステアリン酸分子はそれぞれ120分子のATPを生成する．トリステアリンが加水分解されると，3分子のステアリン酸に分かれるので，結果的に360分子のATPが生成される．そして生成されたグリセロールは肝臓へと運ばれ，糖新生に利用される．

20. すべての脂質分子は，元もとイソペンテニルピロリン酸分子中のイソプレン単位から合成される．ステロイド分子およびテルペン分子はイソプレン単位の頭部と尾部の縮合によって結合する．

22. 抱合反応は通常，ヒドロキシ基をもつ基質分子を，グルクロン酸塩や硫酸塩とエステル化することにより，水溶性を増加させる．

24. 飢餓状態が長期にわたると，脂肪酸の β 酸化によって過剰のアセチル CoA が産生され，グルコースが枯渇し，ケトン体が産生されてエネルギーとして利用される．アセトアセテート濃度が高いと，脱炭酸されてアセトンが産生され，アセトン呼気が見られる．

26. インスリンはトリアシルグリセロール合成と脂肪酸の貯蔵・吸収を促進する．とくに，インスリンはホルモン感受性リパーゼを不活性化し，脂肪のグリセロールと脂肪酸への加水分解を阻害し，肝臓からの VLDL 分泌を促進する．またインスリンは，リポタンパク質リパーゼの合成と，脂肪組織や筋組織の内皮細胞へのリポタンパク質リパーゼの輸送を亢進させる．

28. 下にコレステロール分子の構造を示す．網かけの部分はイソペンテニル単位を表す．

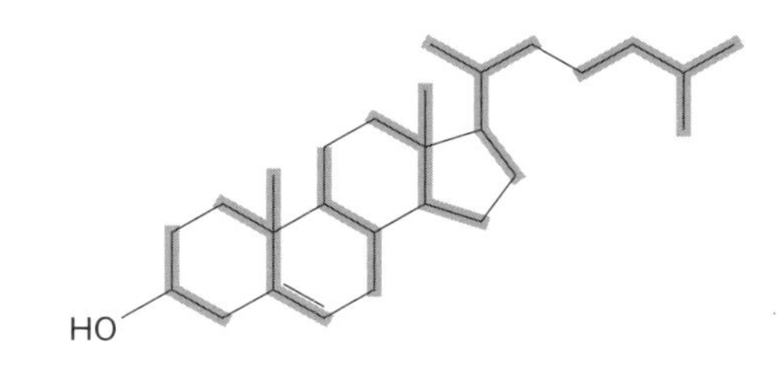

30. トランス脂肪酸は，植物油の部分的な水素添加によってつくりだされるが，シス型の二重結合の代わりにトランス型の二重結合が含まれている．身体は，シス型異性体をもつ脂肪酸しか分解できない．トランス脂肪酸を含む食品を消費すると，心血管疾患のリスクが統計的に高まる．その理由は，リポタンパク質リパーゼがシス型異性体をもった脂肪酸としか結合できないからである．その結果，トランス脂肪酸は血中に長時間留まり，動脈にプラークを形成する要因となる．

応用問題

32. β 酸化によって酪酸が酸化されると，各 1 mol の $FADH_2$ と NADH，2 mol のアセチル CoA が生成される．

33. カルニチンによって脂肪酸がミトコンドリアへ輸送されると，そこで脂肪酸は酸化されてエネルギーを生成する．カルニチン濃度が低いと，脂質代謝は異常となる．グルコース代謝は促進されるが，エネルギー欠乏が起こる．加えて，蓄積したアシル CoA 分子が基質となり，ペルオキシソームの β 酸化やトリアシルグリセロール合成のようなプロセスと競合してしまう．

35. 規則正しい食事は万能薬ではないが，このような単純な方法でも，生命維持に必要な代謝プロセスを動かすための燃料として作用する，十分な炭水化物が供給されるからである．

37. グルカゴン濃度が高いのは，血中グルコース濃度が低いときに起こる状況であるが，その際にグルカゴンが引き金となって脂肪酸の酸化が促進される．

39. この分子はフィタン酸である．この酸化については図 12.13 で説明されている．

41. 下にメバロン酸分子中の ^{14}C で標識された部分を＊で示す．

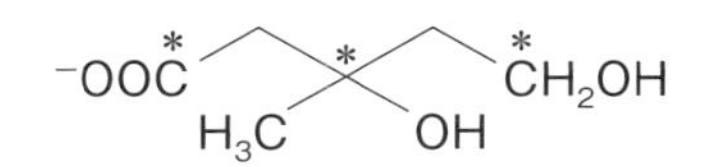

42. 下に ^{14}C で標識された部分を＊で示す．注意：^{14}C で標識されたアセチル CoA が 3-オキソブチリル CoA を生成するのに用いられた場合，^{14}C で標識された部分は，—CH_2—O—基に加え，内部のアルケンの炭素にも現れる．

$$CH_2{=}C(CH_3){-}CH_2{-}\overset{*}{C}H_2{-}O{-}P(=O)(O^-){-}O{-}P(=O)(O^-){-}O^-$$

CHAPTER

13 光合成

復習問題

1. a．光合成：光エネルギーを捕捉し，二酸化炭素を有機分子に取り込むために必要な化学エネルギーに変換すること．
   b．光化学系：光吸収色素からなる光合成機構．
   c．反応中心：光エネルギーの化学エネルギーへの変換を仲介する，光合成細胞中の膜結合タンパク質複合体．
   d．PSI：最終的には $NADP^+$ に供給される電子を励起して受け渡す，大きな膜貫通型多サブユニットタンパク質–色素複合体．
   e．PSII：水分子を酸化し，最終的にPSIを還元する電子伝達体に，励起された電子を受け渡す，大きな膜貫通型多サブユニットタンパク質–色素複合体．
2. a．葉緑体：藻類や高等植物に見られるクロロフィルを含むプラスチド．光合成小器官．
   b．チラコイド：光合成分子機械を含む葉緑体内に，複雑に折りたたまれた膜．
   c．ストロマ：葉緑体内のチラコイド膜を取り囲む，酵素で満たされた高密度の物質．
   d．グラナ：チラコイド膜の折りたたまれた部分や，その積み重なり．
   e．ストロマラメラ：二つのグラナを相互連結するチラコイド膜区分．
4. a．リスケタンパク質：チラコイド膜にあるシトクロム b_6f 複合体内の鉄–硫黄タンパク質．
   b．Psa 二量体：PSIにおいて電子受容体を結合する，PsaA およびPsaB タンパク質サブユニット．
   c．D_1/D_2 二量体：PSII反応中心のタンパク質–色素複合体を形成するポリペプチド．
   d．A_0：P700 から励起された電子を受けとって A_1（別の単一の電子伝達体）に伝達する，PSIにある特殊なクロロフィル a 分子．
   e．A_1：フィロキノン（ビタミンK）と同定された，PSIにある単一の電子伝達体．
6. a．波長：波のある頂点から次の頂点までの距離．
   b．発色団：特定の振動数の光を吸収する分子構成要素．
   c．蛍光：ある分子がある波長の光を吸収し，別の波長の光を放出する発光の形態．
   d．無放射崩壊：励起した分子が，励起エネルギーを熱に変換することで，基底状態に減衰する．
   e．共鳴エネルギー伝達：互いに接する分子軌道間の相互作用を介して，励起エネルギーが隣接する発色団に伝達されること．
8. 三つの主要な光合成色素は，クロロフィル，カロテノイド，フェオフィチンである．クロロフィル a は光エネルギーを吸収し，集光に関与する．クロロフィル b は，吸収したエネルギーをクロロフィル a に伝達する集光性色素である．カロテノイドは集光性色素として機能したり，過励起や活性酸素種から守ったりする．フェオフィチンはPSIIにおける電子伝達分子である．

10. 光合成の最終電子受容体は，$NADPH/NADP^+$ 比にかかわらず，二酸化炭素である．
12. O_2 分子は H_2O に由来する．
13. 酸素発生系は順番に進行する五つの酸化還元状態を含むので，クロック（時計）と呼ばれている．
14. 光合成の正味の反応は

$$3CO_2 + 6NADPH + 9\,ATP \longrightarrow \text{グリセルアルデヒド3-リン酸} + 6NADP^+ + 9ADP + 8P_i$$

6 個の二酸化炭素のグルコースへの固定は，12NADPH および 18 ATP を消費する．グルコース中の酸素原子は二酸化炭素に由来する．

15. クロロフィル分子のフィトール鎖は膜にまで達し，分子を膜につなぎとめる．
17. 炭素固定を触媒する酵素のルビスコは，その活性部位に二酸化炭素と酸素の両方を結合できる．光呼吸はリブロース 1,5-ビスリン酸と酸素が反応する浪費的な過程であり，固定された炭素を二酸化炭素に変換する．植物が高温や，低二酸化炭素濃度と高酸素濃度の両方あるいは一方にさらされたときに，光呼吸は好まれる．
19. 地球温暖化の結果として，海面上昇，次第に強力になるハリケーンによる経済的損失，干ばつや洪水が引き起こす食料不足や水不足，昆虫媒介性の病気の流行があげられる．
20. 持続可能なバイオ燃料の生産の基準は，① 経済的に実現可能なエネルギーの大量生産，② 食料生産との非競合（たとえば，耕作地を使用しない），③ 環境に対する中立的効果である．
21. 光合成機構に存在する最も重要な金属は，マグネシウム，マンガン，鉄，銅である．マグネシウムは，水から酸素への還元過程で酸化還元元素部位を加えることなく，クロロフィル分子中でポルフィリン環を安定化する．マンガンは，光合成におけるキノン電子伝達体から末端電子受容体への電子伝達で，酸化還元中心として働く．銅は，PSⅠにおいて電子が PS700 に伝達される前に，PSⅡにおいて末端電子受容体として作用する．
23. 二酸化炭素の固定は葉緑体のストロマで起こる．
24. 葉緑体にはチラコイド膜が存在し，密に押し込められた膜構造をとる部分と緩やかな膜構造をとる部分からなる．ATP アーゼは，ATP 合成が常にストロマ側で起こるように，膜に配置されている．集光性複合体Ⅱ（LHCⅡ）と PSⅡは，光の捕獲と電子の伝達が最大になるように，密に押し込められた膜構造をとる部分に豊富に存在する．PSⅠは，PSⅡから直接励起された電子を受けとることはなく，PSⅡから物理的に隔離された状態で緩やかな膜構造をとる部分に存在する．PSⅠと PSⅡの間の電子伝達は，移動可能な電子伝達体が媒介するため，物理的な隔離は問題にならない．
25. 光合成と光呼吸の両方における最初の反応は，カルボキシラーゼとオキシダーゼの活性をもつルビスコによって触媒される．CO_2 と O_2 は酵素活性部位を競合する．高濃度の CO_2 は O_2 を打ち負かし，酵素活性部位に結合し，光合成は光呼吸の犠牲のもとに起こる．
26. $^{14}CO_2$ 中の放射性標識された ^{14}C は，まずカルビン回路の 3 段階目の反応で生成される 2 分子のグリセルアルデヒド 3-リン酸のうちの 1 分子に入る．そこから ^{14}C はリブロース 1,5-ビスリン酸に取り込まれたり，デンプン，スクロース，その他の代謝物の生合成に利用されたりする．
28. トウモロコシが $^{14}CO_2$ に曝露されると，放射性標識は，まずオキサロ酢酸中の CH_2 に隣接するカルボキシ基の炭素原子に検出される．
30. ジニトロフェノールは，ATP 合成に必要なプロトン勾配を壊す脱共役分子である．光合成は ATP を必要とする．だから ATP がなくなると，光合成は停止する．

応用問題

31. バイオ燃料は再生可能エネルギーで，カーボンニュートラルだから（バイオ燃料の燃焼は，バイオ燃料が大気から二酸化炭素を取り除くことで相殺される），化石燃料に対する改善となる．

33. 光吸収によって励起された電子は，NADPH の生成に用いられる．この NADPH は，糖質分子への CO_2 の固定に大量に用いられる．CO_2 を利用できない場合，NADPH は蓄積し，クロロフィル分子は定常状態にもどる手段として有効な電子伝達体をもたない．有効な手段の一つは，エネルギーを光量子として放出すること（たとえば蛍光発光）である．

35. 酸化的リン酸化と光リン酸化は多くの同じ分子を用い，どちらも電子伝達系とつながっている．しかしながら，ミトコンドリアは化学結合エネルギーを用いて酸化還元反応を駆動する一方で，葉緑体は光エネルギーを用いて酸化還元反応を駆動する．ミトコンドリア内膜とは対照的に，チラコイド内膜はマグネシウムイオンや塩化物イオンを透過させる．だからチラコイド膜をはさんだ電気化学勾配は，おもにプロトン勾配からなる．

37. 葉緑体は，原核生物様のタンパク質合成装置だけでなく，現在のシアノバクテリアと同じような DNA を所有する．加えて，細菌のように二分裂によって増殖する．

39. C_4 植物は光呼吸の進行を防ぐことができるので，光呼吸を促進する除草剤はこれらの植物には作用しない．

41. 地球表面に到達する光のスペクトルは，紫外線領域よりも青色光領域に富んでいる．また，紫外線領域に吸収がある色素は，高いエネルギーをもつ紫外線によって損傷されたり分解されたりするだろう．

43. トリアジン系除草剤は光呼吸を促進する．

44. エネルギーの比率は次の通りである．

$$\frac{-hc/700}{-hc/1000} = 1.48$$

CHAPTER 14

窒素の代謝 I ：合成

復習問題

1. a．窒素固定：窒素固定微生物によって窒素分子（N_2）が，生物にとって有用な還元型（NH_3）へと変換されること．
   b．ニトロゲナーゼ：ニトロゲナーゼ複合体．多数のサブユニットで構成された酵素で，窒素をアンモニアへ変換する．
   c．窒素同化：無機窒素化合物を有機分子に組み込むこと．
   d．アミノ酸プール：生物が代謝過程で利用するために，ただちに供給できるアミノ酸分子．
   e．窒素循環：窒素原子が生物圏を介して流動する生物地球科学的な循環．
2. a．非必須アミノ酸：生体が合成できるアミノ酸．
   b．必須アミノ酸：生体が合成できないアミノ酸．
   c．分枝鎖アミノ酸：枝分かれの炭素骨格をもった必須アミノ酸の一グループ（バリン，ロイシン，イソロイシン）．
   d．窒素バランス：生体への窒素摂取と損失が同量である状況．
   e．アミノ基転移：アミノ酸代謝の一つで，α-アミノ基が α-アミノ酸から 2-オキソ酸へと移動すること．
4. a．興奮性神経伝達物質：ニューロンから放出される分子であり，それによってナトリウムチャネルが開き，別の細胞の膜の脱分極を促進する．
   b．抑制性神経伝達物質：塩素チャネルを開かせる神経伝達物質分子であり，シナプス後細胞の膜電位を負に傾ける．
   c．逆行性神経伝達物質：シナプス前細胞からいったん放出された神経伝達物質が，シナプス前細胞に結合してその活性を高める．
   d．ドーパミン：L-DOPA の脱炭酸によって合成されるカテコールアミン神経伝達物質．
   e．エピネフリン：SAM 要求性のメチル化反応によって，ノルエピネフリンから合成されるカテコールアミン神経伝達物質．
6. a．GSH：γ-グルタミルシステイニルグリシン．最もよく見られる細胞内還元剤．
   b．メルカプツール酸：生体異物の GSH 抱合体．
   c．CSE：γ-シスタチオナーゼ．含硫基移動経路中の酵素の一つ．
   d．CBS：シスタチオニン-β-シンターゼ．含硫基移動経路中の酵素の一つ．
   e．γ-グルタミン酸回路：アミノ酸の移入を促進する経路．γ-グルタミルトランスペプチダーゼは，細胞外のアミノ酸と GSH との間の反応を触媒し，細胞内で γ-グルタミルアミノ酸，グリシン，システインを産生する．

8. アミノ基転移反応は，有用な窒素のたくわえを保つ方法の一つ．この反応は可逆的であり，代謝反応によって産生された2-オキソ酸を，供給不足なα-アミノ酸へ変換するのに用いられる．現在の代謝要求量よりも多い余剰のアミノ酸が，アミノ基の材料として使われる．

10. グルタミン酸は2-オキソグルタル酸から二つの方法によって合成される．すなわち，① アミノトランスフェラーゼが触媒するアミノ基転移（ピリドキサールリン酸を補酵素として要求する）と，② グルタミン酸デヒドロゲナーゼが触媒する直接アミノ化である．NADPHがこの反応の還元力を供与する．

12. 神経伝達物質は，興奮性と抑制性のどちらかの作用をもっている．興奮性の神経伝達物質（たとえばグルタミン酸やアセチルコリン）はシナプス後細胞の脱分極を促進する．それに対して抑制性の神経伝達物質（たとえばグリシン）はシナプス後細胞の活動電位を抑制する（つまり，それらは膜電位を負に傾ける）．

14. 最も重要な二つのC_1担体はTHF（テトラヒドロ葉酸．葉酸の生物学的活性型）とSAM（*S*-アデノシルメチオニン）である．THFは，いくつかのアミノ酸やヌクレオチドの合成で重要な役割を果たしている．SAMは活性型のメチルチオエーテル基をもっており，ホスファチジルコリンやエピネフリン，カルニチンといったさまざまな生体分子の合成で主要なメチル基供与体である．THFとSAMの両方が関与する過程の例は，図14.17（テトラヒドロ葉酸と*S*-アデノシルメチオニン経路）を参照．

16. もたない．驚くかもしれないが，より大きなプリンは，同様の立体的な相互作用をペントースとはしない．たとえピリミジンがたった一つの環しかもたなくても，そのカルボニル基はペントース環との間を立体的に妨げ，*syn*型の立体配座の形成をじゃまする．それに対してプリン環の形状や機能性は，*syn*型の立体配座の場合，プリンという全体として大きな分子サイズにもかかわらず，ペントースとの立体的な相互作用が最小になる．

18. ビーガンは，その食事内容のために，ビタミンB_{12}欠乏のリスクがある．また，通常の腸内細菌，そのうちいくつかの種類はビタミンB_{12}を合成するが，相当量の抗生物質を摂取すると，腸内細菌が除去されてしまう．するとビタミンB_{12}の最後の供給源を失うので，生体はビタミンB_{12}が枯渇して悪性貧血の症状が出る．

20. ピンポン反応では，2番目の基質が入る前に，最初の基質が活性部位から離れなければならない．アラニンと2-オキソグルタル酸の反応によってピルビン酸とグルタミン酸がつくられるのは，次のような段階で進む．① アラニンが活性部位に入り，アミノ基がピリドキサールリン酸に移動する．② 水が反応部位に入り，シッフ塩基を加水分解し，ピリドキサミンリン酸とピルビン酸ができる．③ ピルビン酸は活性部位から拡散する．④ 2番目の基質である2-オキソグルタル酸が反応部位に入り，ピリドキサミンリン酸とシッフ塩基を形成する．⑤ 水がシッフ塩基を加水分解し，ピリドキサールリン酸とグルタミン酸を与える．⑥ するとグルタミン酸が活性部位から拡散する．

22. （a）γ-アミノ酪酸は抑制性神経伝達物質である．
　（b）テトラヒドロビオプテリンは，特定のアミノ酸のヒドロキシ化に必須の補因子である．
　（c）オキサロ酢酸はクエン酸回路の中間代謝物であり，アスパラギン酸に関与するアミノ基転移反応における2-オキソ酸である．
　（d）ホスホリボシルピロリン酸は，ヌクレオチド合成経路におけるリボース部分の供給源である．
　（e）*S*-アデノシルメチオニンはメチル基供与体である．

24. グルタミン酸からグルタミンへの変換において，ATPの加水分解がエネルギーを供給し，この反応をエネルギー的に可能にする．この反応が脳内のアンモニア濃度を下げる手段でもあることに注目．

25. メラニンがないと皮膚は日焼けに対して脆弱になり，ほかにも光誘導性の皮膚障害が起こる．メラニンの欠乏が起こるのは，L-DOPAの前駆体であるチロシンをメラニンへと変換する酵素が欠損しているからである．

応用問題

27. 大気中の窒素は無極性の三重結合をもっており，窒素分子を還元してアンモニアを生成するには三重結合を切らなければならない．また二原子分子である酸素はジラジカルである．このラジカルがもつ不安定さによって酸素分子は，安定な窒素の三重結合よりもはるかに反応性が高い分子になる（たとえば，酸化還元反応で電子を受け入れやすくなる）．

28. プリン塩基とピリミジン塩基は再利用経路によってリサイクルされる．分解されて異化経路の前駆体を形成する代わりに，酸化されて窒素老廃物として排出される．

30. 身体活動の一つであるランニングは，脂肪酸とグルコースの急速な代謝を要求する．最も早いグルコースの利用源は血中グルコースである．一方，特定のアミノ酸も小腸で容易に吸収され，肝臓での糖新生の基質として用いられる．この過程は，血中へただちに吸収されるグルコースよりは遅い．

32. ヒドロキシラジカルはグルタチオンから水素原子を引き抜き，グルタチオンペルオキシダーゼによって触媒される反応によって水をつくる．

$$\mathrm{GSH} + \cdot\mathrm{OH} \longrightarrow \mathrm{GS}\cdot + \mathrm{H_2O}$$

2分子の酸化型グルタチオンが反応してGSSGがつくられる．そのGSSGから，グルタチオンレダクターゼがNADPHを水素原子の供給源として利用することで，GSHが再生される．

$$\mathrm{GSSG} + \mathrm{NADPH} + \mathrm{H^+} \longrightarrow \mathrm{2GSH} + \mathrm{NADP^+}$$

34. ピリジニウム環に対して垂直の結合を切ると，p軌道が生じ，それがピリジニウム環のp軌道と相互作用する．その結果，電荷の非局在化が起こり，カルボアニオンが安定化する．

CHAPTER

15 窒素の代謝Ⅱ：分解

復習問題

1. a．タンパク質代謝回転：生体のタンパク質の合成と分解の繰返し．
   b．プロテアソーム：ユビキチンと結合したタンパク質を分解する多酵素複合体．
   c．ユビキチン：酵素によって分解されることになるタンパク質と共有結合するタンパク質．
   d．ユビキチン化：分解されることになるタンパク質がユビキチンと共有結合すること．
   e．オートファジー：細胞の構成要素をリソソーム内の加水分解酵素によって分解する細胞内分解経路．マクロオートファジーともいう．
2. a．オートファゴソーム：オートファジーの過程で形成される隔離膜．細胞質の成分を隔離して，最終的にふさぐ．
   b．エンドソーム：エンドサイトーシスやオートファジーリソソーム系で機能する膜小胞．
   c．アンフィソーム：オートファジーリソソーム系に存在する膜小胞．オートファゴソームがエンドソームと融合して形成される．
   d．リソソーム：大部分の生体分子を分解できる加水分解酵素が含まれる袋状の細胞小器官．
   e．オートファゴリソソーム：アンフィソームとリソソームが融合して形成される膜小胞．リソソームの酵素によってアンフィソーム内の生体分子と細胞小器官の分解が始まる．
4. a．糖原性：分解されてピルビン酸やクエン酸回路の中間代謝物となるアミノ酸のこと．これらのアミノ酸が糖新生におけるグルコース合成の基質として用いられる．
   b．ケト原性：分解されてアセチル CoA やアセトアセチル CoA となるアミノ酸のこと．
   c．*N*-アセチルグルタミン酸：肝臓のミトコンドリア酵素で尿素回路の最初の反応を触媒するカルバモイルリン酸シンターゼⅠの，アロステリックな調節因子．細胞内グルタミン酸濃度の鋭敏な指標でもある．
   d．高アンモニア血症：血中のアンモニアイオン濃度が過剰となる症状であり，致命的な状態になる可能性がある．
   e．BH_4：テトラヒドロビオプテリン．葉酸様の分子であり，芳香環のヒドロキシ化反応を含む，さまざまな反応に必須の補因子である．
6. a．シャペロン介在性オートファジー：受容体を介するオートファジー過程であり，シャペロン複合体に結合した特定のタンパク質が，折りたたみが解かれてリソソーム内に運ばれ，そこで分解される．
   b．ミクロオートファジー：少量の細胞質ゾルがリソソームによって直接に飲み込まれる分解過程．
   c．マクロオートファジー：細胞質の構成要素を丸ごと分解するリソソーム経路．オートファジーともいわれる．
   d．ユビキチンプロテアソーム系：タンパク質の破壊がユビキチンの共有結合性の修飾によって開始され，続いて分解がプロテアソームと呼ばれるタンパク質分解装置内で起こる分解機構.

e．オートファジーリソソーム系：リソソームが関係する細胞分解系であり，それを用いて長命なタンパク質や細胞小器官を分解する.

8. a．オリゴヌクレオチド：50 ヌクレオチド以下の短い核酸断片.

b．ヌクレアーゼ：核酸分子を加水分解して，ヌクレオチドをつくるためのオリゴヌクレオチドにする酵素.

c．ホスホジエステラーゼ：オリゴヌクレオチドを加水分解し，ヌクレオシドをつくる酵素.

d．ヌクレオシダーゼ：ヌクレオシドを加水分解して，遊離の塩基や，リボースもしくはデオキシリボースにする酵素.

e．ヌクレオチダーゼ：ヌクレオチドを加水分解してヌクレオシドとリン酸にする酵素.

10. 代表的な窒素含有排泄分子は，アンモニア，尿素，尿酸，アラントイン，アラントイン酸である.

12. アミノ酸分解の結果生じる代謝生成物には，アセチル CoA，アセトアセチル CoA，ピルビン酸，2-オキソグルタル酸，スクシニル CoA，フマル酸，オキサロ酢酸がある．アンモニアも生成物の一つである.

14. a．ケト原性，b．ケト原性，c．糖原性，d．糖原性，e．糖原性，f．両方.

16. 筋肉において，ピルビン酸はアミノ基転移反応によりアラニンに変換される．アラニンは肝臓へ輸送され，そこでアミノ基を 2-オキソグルタル酸へ移してグルタミン酸を形成することによって，ピルビン酸に再変換される．グルタミン酸は脱アミノ化されて，2-オキソグルタル酸とアンモニアになる．ピルビン酸と 2-オキソグルタル酸はクエン酸回路で分解される.

18. フマル酸がアスパラギン酸に変換する際につくられる NADH によって，約 2.5 分子の ATP が合成される．したがって，尿素生成のために必要な正味の ATP 分子は，尿素 1 mol あたり約 1.5 mol である（4ATP − 2.5ATP）.

20. 主要なタンパク質分解機構であるユビキチン化において，ユビキチン（低分子 hsp）は，酸化されたアミノ酸残基のような構造的特徴をもったタンパク質のリシン残基に共有結合し，それが分解のための印となる．いったんタンパク質がユビキチン化されると，プロテアソームにより ATP 要求性の反応で分解される.

22. 分解されて尿酸を生じる化合物は，DNA，FAD，NAD^+ である．これらはすべてプリンを含む.

24. 窒素はアンモニウムイオンやアスパラギン酸として尿素回路に入る．尿素中の二つの窒素原子は，多くの場合，アミノ酸の 2-アミノ基由来である．2-アミノ酸からアンモニウムイオンやアスパラギン酸までの経路を以下に要約する．尿素回路中の窒素の大部分は①と②の段階で供給される.

① 筋細胞のアミノ酸から肝臓中のアンモニウムイオンまで：筋細胞において，2-オキソグルタル酸とのアミノ基転移反応でグルタミン酸（と 2-オキソ酸）が生成される．筋細胞中のグルタミン酸は，別のアミノ基転移反応でアミノ基をピルビン酸に移すことで，アラニンとなる．もしくは，グルタミン酸が酸化的脱アミノ化されてアンモニウムイオンとなり，それが別のグルタミン酸と反応してグルタミンとなる．アラニンとグルタミンは α-アミノ酸からの窒素原子を肝臓へと輸送し，そこでグルタミン酸が再生成される．つまり，ⓐ アミノ基転移反応を介してアラニンから 2-オキソグルタル酸が生成されるか，ⓑ アミドの加水分解を介してグルタミンから遊離のアンモニウムイオンが生成される．アラニンとグルタミンの両方から生成されたグルタミン酸は，酸化的脱アミノ化され，アンモニウムイオンがつくられる.

② 肝細胞のアミノ酸からアスパラギン酸まで：α-アミノ酸とオキサロ酢酸から，アミノ基転移反応によって，2-オキソ酸とアスパラギン酸がつくられる.

③ セリンとトレオニンから肝臓中のアンモニウムイオンまで：セリンとトレオニンはアミノ基転移反応をすることができないので，セリンデヒドラターゼとトレオニンデヒドラターゼによって脱アミノ化される.

④ 血中の尿素から肝臓中のアンモニウムイオンまで：血流中の尿素は小腸内腔へと拡散し，そこでウレ

アーゼをもつ細菌によって加水分解され，アンモニアとなる．そして血中にもどり，肝臓へと運ばれる．

⑤ 肝臓中や腎臓中のアミノ酸から，L-アミノ酸オキシダーゼの作用により，アンモニウムイオンが生成される．

⑥ アデニンのC-6位のアミノ基から，アデノシンデアミナーゼの作用により，アンモニウムイオンが生成される．

26. ウラシル環の3位の窒素原子は最終的に尿素分子に入る（この窒素はウラシルの二つのカルボニル炭素にはさまれている）．

28. 尿の特徴的なにおいがメープルシロップ尿症の第一の症状である．もし治療しなければ，嘔吐やけいれん，重篤な脳障害，精神遅滞が症状に加わり，生後1年以内でしばしば死に至る．メープルシロップ尿症の原因は，2-オキソ酸をアシルCoA誘導体へと変換する分枝鎖2-オキソ酸デヒドロゲナーゼ複合体を欠損していることによる．それによって分枝鎖アミノ酸（ロイシン，イソロイシン，バリン）由来の2-オキソ酸が大量に血中に蓄積してしまう．

30. チロシンは，DOPAからドーパキノンへの変換を触媒しており，色素分子であるメラニンの前駆体でもある，高い反応性をもった分子である．チロシンがないとメラニンが合成されず，白皮症になる．

31. ヒトは，尿酸オキシダーゼやアラントイナーゼといった酵素を合成できない．これらの酵素は，尿酸からアラントインへの変換を触媒している．プリン分解における最初の生成物は，環を含まない．

応用問題

33. 解糖系とクエン酸回路の図を描くときには，クエン酸回路とプリンヌクレオチド回路の間の連結部が，フマル酸，クエン酸回路の中間代謝物，オキサロ酢酸のアミノ基転移反応産物であるアスパラギン酸を介することに注意すること．

35. これらのアミノ酸は尿素回路の中間体である．そのため，これらを添加すると尿素の生成が亢進する．

37. 尿素や尿酸はアンモニアより毒性が低く，排泄するために必要な水の量がアンモニアの排泄に比べてずっと少なくてすむ．したがって，これらの分子を利用することによって陸生動物は水を保持することができる．浸透圧は重要な因子である．尿素と尿酸はそれぞれ2個および4個の窒素原子を含むため，NH_4^+ を排泄する場合に比べて窒素原子あたりに必要な水の量は少ない．

39. 霊長類には尿酸オキシダーゼがないので，尿酸をより水溶性であるアラントインに変換できない．その結果，尿酸結晶が蓄積し，痛風となる可能性がある．

41. 3分子のATPが各尿素分子の合成に直接的に必要である．クエン酸回路でフマル酸がオキサロ酢酸に変換されてつくられるATPは約2.5分子なので，尿酸合成はエネルギーが必要な過程である．

CHAPTER

16 代謝の統合的理解

復習問題

1. a．セカンドメッセンジャー：ホルモンの作用を仲介する分子．
   b．脱感作：標的細胞が，細胞表面の受容体の数を減らしたり，その受容体を不活性化したりすることで，ホルモン刺激の変化に適応する過程．
   c．標的細胞：ホルモンまたは成長因子が結合する受容体タンパク質をもつ細胞．
   d．インスリン抵抗性：組織のインスリン感受性が低下する現象で，インスリン受容体のダウンレギュレーションが原因である．
   e．アデニル酸シクラーゼ：ATP をセカンドメッセンジャー分子であるサイクリック AMP（cAMP）に変換する酵素．
2. a．ケトーシス症：血中ケトン濃度の上昇．
   b．ケトアシドーシス：血中ケトン濃度の上昇を伴い，Ⅰ型糖尿病患者に見られる．脂肪酸の酸化が抑制されないことで生じる．
   c．浸透圧利尿：尿ろ過液中の水分および電解質が過剰に失われた状態．
   d．GLUT4：筋肉および脂肪組織細胞の形質膜に発現するインスリン感受性のグルコース輸送体．
   e．ボディマス指数：BMI．体重と身長に基づく人の体組成の算定基準．
4. a．インスリン様増殖因子：成長ホルモンの成長促進作用を仲介するヒトのタンパク質で，グルコース輸送や脂肪合成を促進するなどインスリン様の特性をもつ．
   b．インターフェロン：非特異的抗ウイルス活性をもつ糖タンパク質の一種で，ウイルスの RNA およびタンパク質の合成を阻害し，免疫系細胞の成長および分化を調節する．
   c．インターロイキン：サイトカインの一種で，細胞の成長と分化の促進に加えて免疫系を調節する．
   d．ホルモン応答配列：ホルモン–受容体複合体に結合する特定の DNA 配列で，特定遺伝子の転写の促進や抑制にかかわる．
   e．組織適合抗原：大部分の体細胞表面にあるタンパク質の一種で，免疫系が外来物質や細胞にどのように反応するかを決定するのに重要な役割を果たす．
6. a．食後：摂食–絶食サイクルの食事直後の段階で，血中栄養素濃度が比較的高い時間帯．
   b．吸収後：摂食–絶食サイクルの栄養素濃度が低い段階．
   c．ARC：弓状核．摂食行動を調節する視床下部の一次神経細胞．
   d．NPY：神経ペプチド Y．視床下部の弓状核で合成される摂食促進ペプチドである．
   e．POMC：プロオピオメラノコルチン．視床下部の POMC 細胞において，食欲を抑制する α-MSH（α-メラニン細胞刺激ホルモン）に変換される前駆体ポリペプチドである．

8. a．肝臓
b．肝臓
c．腸
d．脳
e．脂肪組織

10. 同定されているおもなセカンドメッセンジャーと，その働きについて次に示す．① cAMP（アデニル酸シクラーゼによって ATP から合成される）は，いくつかのプロテインキナーゼを活性化することで細胞の働きを刺激する．② cGMP（グアニル酸シクラーゼによって GTP から合成される）はプロテインキナーゼ G を活性化する．③ ジアシルグリセロール（DAG，ホスホリパーゼ C の生成物）はプロテインキナーゼ C を活性化する．④ イノシトール 1,4,5-三リン酸（IP_3，ホスホリパーゼ C の生成物）は，カルシソームからの Ca^{2+} の放出を誘導する．⑤ カルシウムイオンは，カルシウム依存性制御タンパク質に結合して，多くの細胞活性を調節する．

12. 未治療の糖尿病では，大量のグルコースが尿中に排泄される．大量の水がグルコースとともに排泄されるため，尿量が増えて脱水を起こす．脱水は通常，喉の渇きとして症状に現れる．

14. タンパク質同化ステロイドは，タンパク質（たとえば酵素）をコードする遺伝子のうち特定の配列の発現を変化させ，（他の代謝機能の変化のなかでも）骨格筋のタンパク質合成を増加させる．

16. 長期にわたる飢餓の初期段階では，血糖およびインスリン濃度が下がり，グルカゴンの放出が引き起こされる．グルカゴンは，グリコーゲン分解と糖新生を促進することで低血糖の防止に働く．筋タンパク質由来のアミノ酸は，糖新生における炭素骨格基質の主要な供給源となる．

18. a．mTOR：哺乳類ラパマイシン標的タンパク質．数種のホルモン（たとえばインスリン）と成長因子（たとえば IGF-1 や IGF-2）の情報を統合する機能をもつセリン・トレオニンキナーゼ．
b．SREBP-1c：ステロール調節因子 1c．脂肪酸代謝にかかわる遺伝子を調節する転写因子．
c．PDK1：PIP_3 依存性キナーゼ．PKB や PKC などのキナーゼを活性化する酵素．
d．TSH：甲状腺刺激ホルモンであるチロトロピン．甲状腺ホルモンの合成を刺激する．
e．インターロイキン：抗原に応答して T 細胞の分裂を刺激することで，免疫系を制御し，細胞の成長と分化を促進する．

20. 肥満はインスリンに対する組織不応性を促進し，糖尿病をもたらす．この過程は，肥大した脂肪細胞から血中に放出された遊離脂肪酸が他の細胞に取り込まれることから始まり，シグナル伝達経路が阻害される．結果として，脂肪毒性，高インスリン血症，（肝臓での）グルコースの過剰産生，筋肉でのインスリン依存性のグルコース取り込みの阻害，さらにはインスリン抵抗性をもった脂肪細胞からの脂肪酸の放出などの影響が出る．肥満における脂肪組織は慢性炎症を誘発するが，その結果として脂肪細胞は小胞体ストレスや酸化ストレスにさらされ，インスリン抵抗性を増加させる炎症性サイトカインを放出する．これらすべての要因が糖尿病の発症にかかわる．

22. ホルモンは，ペプチドまたはポリペプチド（アミノ酸からなる），アミノ酸誘導体，ステロイド（コレステロールに由来）に分類される．

23. ステロイド輸送体タンパク質には，コルチコステロイド結合グロブリン，性ホルモン結合タンパク質およびアルブミンなどがある．

応用問題

25. ハエは砂糖を好むことが知られている．尿中に過剰な糖が含まれると，ハエが引き寄せられる．

26. 肥大した脂肪細胞からの脂肪酸の放出と，その脂肪酸の細胞膜への非特異的な蓄積は，インスリン受容体経路などのシグナル伝達経路を阻害する．
28. 脳の意識中枢が危険を感じると，ただちに交感神経系と副腎髄質からエピネフリンが分泌される．エピネフリンによりグリコーゲン分解と脂肪分解が促進されると，血中に大量のグルコースと脂肪酸があふれ，体にいくつかの影響が出る．その一つ，高血糖は，脳の迅速な意思決定に必要なエネルギーを提供する．加えて，危険から逃げるという決定がされれば，大量のグルコースと脂肪酸は，激しい身体活動に使われる．
30. 糖尿病を放置しておくと，大量の脂肪が分解されるために大量のケトン体が生成する．ケトン体のうち2種類（アセト酢酸とβ-ヒドロキシ酪酸）は弱酸である．これらの分子から大量の水素イオンが遊離すると，体内の緩衝能力が破壊される．
32. ステロイドホルモンをクロマトグラフィーカラムの担体に共有結合させる．ステロイドホルモン結合タンパク質を含むと考えられる抽出液を，このカラムに通す．カラムに保持されたタンパク質を，溶出緩衝液の塩濃度を変化させることで溶出する．このタンパク質を分離し，精製した後，ステロイドホルモンに特異的に結合するかどうか検討する．
34. 動物はグリオキシル酸回路のイソクエン酸リアーゼとリンゴ酸シンターゼを欠いているので，トリアシルグリセロール分子中の脂肪酸をグルコース分子に変換できない．これらの酵素は，アセチル CoA をクエン酸回路の中間体であるリンゴ酸に変換し，そのリンゴ酸は糖新生の基質であるオキサロ酢酸に変換される．
36. 飢餓状態になると，筋タンパク質が分解され，アミノ酸がエネルギー源として使用される．そのため，大量のアミノ窒素が尿素として排泄される．
38. 複数のプロセスが同じ応答を引き起こすことがある．たとえば，食間に血中グルコース濃度が低くなるとグルカゴンが血中に放出され，危険な状況になるとエピネフリンが放出され，グルコースの血中への放出を迅速に引き起こすことなどがあげられる．このようなホルモンの機能的重複により，生理的状態が微妙に異なる場合にも効果的に応答することができる．
40. 血中グルコースは，多くの組織（たとえば脳や筋肉）にとって直接的なエネルギー源である．血中グルコース濃度が下がると，肝臓は，グリコーゲン（17.2 kJ/g）由来のグルコースまたは糖新生によるグルコースを放出する．体の長期的エネルギーはトリアシルグリセロール分子（38.9 kJ/g）に蓄えられ，これはグリコーゲンよりも高エネルギーであり，標準的体型の人の脂肪蓄積は長期間続く．筋タンパク質由来のアミノ酸やトリアシルグリセロール分子はグルコースより後から使われ，標準的体型の人の場合，短時間においては，筋肉や肝臓のグリコーゲンからのグルコース供給で十分である．
42. 脳はもっぱらエネルギーをグルコースに頼っているため，インスリンの過剰状態は脳細胞に死をもたらす．

CHAPTER

17 核　酸

復習問題

1. a．分子生物学：ゲノムの構造と機能を解明する科学．
   b．遺伝学：遺伝に関する科学的研究．
   c．複製：ポリヌクレオチドの親鎖 DNA を鋳型として，その正確なコピーを合成する過程．
   d．転写：DNA の鋳型鎖に相補的な塩基配列をもつ一本鎖 RNA を合成する過程．
   e．トランスクリプトーム：細胞内で産生される RNA 分子の一式．
2. a．転写産物：DNA 配列の転写によって産生される RNA 分子．
   b．プロテオーム：細胞内で産生されるタンパク質の一式．
   c．メタボローム：ゲノムの指示に沿って細胞内で産生される有機代謝産物の一式．
   d．二重らせん：DNA 構造を表す用語．DNA の 2 本の逆平行鎖が塩基対を介して絡み合い，らせん形をとる．
   e．塩基の積み重なり：二重らせん構造をもつ DNA では，塩基対が平行に積み重なっている．
4. a．アルキル化剤：非共有電子対をもつ分子を攻撃し，アルキル基を付加する求電子剤．
   b．塩基類似体：通常のヌクレオチド塩基と類似した構造をもつため，DNA に組み込まれてしまう．
   c．非アルキル化剤：DNA 構造を変化させうる分子．たとえば，ニトロソアミンまたは $NaNO_2$ から誘導された HNO_2 は，アデニン，グアニン，シトシンを脱アミノ化する．
   d．インターカレーション剤：平面状の多環芳香族分子で，積み重ねられた塩基対の間に入り込み，DNA 構造を歪める．
   e．臭化エチジウム：インターカレーションにより突然変異を引き起こす．DNA 染色技術で蛍光タグとして使用される．
6. a．A-DNA：塩基対がらせん軸方向に対して直角ではない，短くコンパクトな DNA 構造．DNA が部分的に脱水されると発生する．
   b．B-DNA：湿度が非常に高い条件下で一般的に見られる DNA のナトリウム塩．
   c．Z-DNA：その立体構造にちなんで名づけられた DNA．左巻きらせん構造をとってねじれ，B-DNA よりも細い．
   d．十字型構造：十字架のような構造で，DNA 配列にパリンドロームが含まれるとき形成される．
   e．パリンドローム：順方向に読んでも逆方向に読んでも同じになる文字配列．
8. a．サテライト DNA：反復配列に富んだ DNA で，ゲノム DNA を断片化して遠心分離すると，サテライトバンドとして得られる．
   b．転位：可動性遺伝因子と呼ばれる特定の DNA 配列が，複製され，ゲノムの他の場所へ移動できる機構．

c．トランスポゾン：ゲノム上を移動できるDNA因子．転位に必要な遺伝子をもち，染色体上を動き回る．

d．レトロトランスポゾン：RNAトランスポゾンともいう．RNA転写物が中間体となっている可動性遺伝因子．

e．内在性レトロウイルス：LTR（長い末端反復）型レトロトランスポゾンともいう．衰退したウイルスが真核生物のゲノムに埋め込まれていると考えられる．

10. a．淡色効果：プリンおよびピリミジン塩基がポリヌクレオチド配列の塩基対に組み込まれたときに生じるUV吸収（260 nm）の減少．

b．DNA変性：DNAの相補鎖を束ねている結合力を壊すこと．熱，低い塩濃度，極端なpHにより促進される．

c．制限酵素：特定の配列の位置でDNAを切断する酵素で，さまざまな細菌から分離される．

d．DNAハイブリッド形成：由来の異なる一本鎖DNA断片をアニーリング（塩基対合）させる実験手法．DNAハイブリッドが形成される速度は，双方の塩基配列の相同性に依存する．

e．サザンブロット法：放射性標識されたDNAまたはRNA配列をプローブとして使用し，そのプローブと相補的配列をもつDNA断片を特異的に検出する実験手法．

12. 超らせんによって促進される生命プロセスには，DNAのコンパクトな形態への圧縮（つまり染色体），DNAの複製と転写がある．

14. プロモーターは，RNAポリメラーゼによって認識される転写開始点近くにあるDNA配列．エンハンサーは，転写活性化因子に結合することで，RNAポリメラーゼ複合体と相互作用し，転写活性化を行うDNA配列．サイレンサーは，リプレッサータンパク質と結合することで，RNAポリメラーゼがプロモーターに結合するのを阻害し，近くの遺伝子の転写を妨げるDNA配列．インシュレーターは，インシュレーター結合タンパク質とつながることで，隣り合う遺伝子のエンハンサーとプロモーターとの相互作用を防ぐDNA配列．

15. ヒトの1細胞は約600万塩基対をもつ．個体で10^{14}の細胞があるとすると，ヒトの体がもつDNAの長さは約2×10^{11} kmに相当する．この推定値は，地球から太陽までの距離の1000倍以上にもなる（1 nmは10^{-9} mであることに注意せよ）．

16. シャルガフ則によれば，DNA試料に21%のアデニンが含まれている場合，チミンも21%含まれていることになり，A-T含量が42%の場合，C-G含量は58%となる．したがって，DNA試料中のグアニンとシトシンの割合はともに29%となる．

18. （5′から3′方向に）DNAの相補鎖を書くと，5′-AACGATAACGGC-CCCT-3′となる．RNA鎖は5′-AACGAUAACGGCCCCU-3′である．

20. DNA複製時のエラーは，複製された鎖そのものが複製を受けるので，それに続くすべての〝世代〟のDNA分子においてエラーが続くことになる．変異したDNA配列からはすべての産生物にエラーが複製されるのに対して，転写におけるエラーはごく少数の変異をもった転写産物にしか反映されない．転写時のエラーとは異なって，複製時のエラーは永久に残る可能性があることを考えると，複製エラーはより大きな細胞障害を引き起こすと予想される．

22. RNAは一本鎖であるため，シャルガフ則はRNAには適用されない．

24. DNAの構造は，いくつかの種類の非共有結合性相互作用によって安定化される．積み重なる塩基間の疎水性相互作用，塩基間の水素結合，リン酸基およびリボースの3′位および5′位の酸素原子の水和，塩基が積み重なるごとに生じるファンデルワールス力，隣接するリン酸基同士の反発力を最小限に抑えるリン酸基と以下の物質（水分子，マグネシウムイオン，ポリアミン，ヒストンなどの多価カチオン分子）との静電的相互作用があげられる．

26. Watson と Crick は，DNA 二重らせんモデルを構築するために次の実験的証拠をあげた．① デオキシリボース，窒素含有塩基，リン酸の構造と分子次元，② アデニンとチミン，グアニンとシトシンの比率が1：1であるというシャルガフ則，③ Rosalind Franklin が撮影した DNA がらせん構造をとっていることを示したX線回折像，④ Mourice Wilkins が示したらせん径とピッチの値，⑤ Linus Pauling が発見したポリペプチドのらせんの先例が生物学的現象であったこと．
28. *Alu* 配列は，ヒトの病気に関連する唯一の SINE（短い散在性反復配列）．ヒトの染色体にレトロトランスポゾンの *Alu* 配列を挿入することで，染色体の再構成，挿入および欠失，DNA 配列の組換えを介して突然変異を引き起こす．

応用問題

29. DNA と RNA のおもな構造上の違いは，RNA 分子のリボースの 2′ 位が OH 基であることで，デオキシリボースの 2′ 位が OH 基でない DNA は，水素結合した相補鎖が容易に B 型の二重らせんをとる．対照的に RNA 分子の二本鎖領域は，立体障害が起こるので，この形をとることができない．代わりに水平軸に対して 20° 傾き，塩基対間の距離がわずかに短く，1 回転あたり 11 bp である A-DNA 構造をとる．
31. RNA はそれ自身がらせん構造をとり，複雑な三次元構造を形成することができる．
33. ヌクレオチド塩基配列とアミノ酸配列はまったく異なる〝言語〟であり，ある情報を別の種類に〝翻訳〟するには複雑な機構が必要になる．そのことに反対する証拠がない限り，タンパク質の情報から核酸の合成を直接に導くことは困難と考えられる．
35. 各細胞は常に周囲の環境から情報を受けとっている．栄養素，ホルモン，成長因子，他種の分子というかたちの情報が，最終的に遺伝子発現を変化させるような分子機構の変化を引き起こすことで，細胞は変化する条件に適応している．特定条件で産生される mRNA 分子一式のトランスクリプトームを見れば，遺伝子発現の現状を知ることができる．
37. 電子伝達系に関与するタンパク質は，ミトコンドリア内膜に存在する．このタンパク質が損傷した場合は，ただちに交換する必要がある．この分子をコードする遺伝子がミトコンドリアにあれば，必要に応じて容易に合成することができる．その遺伝子が細胞の核に存在したら，新たに合成されたタンパク質をミトコンドリアまで運び，ミトコンドリア外膜を横切って輸送し，さらに内側の膜に挿入しなければならず，遺伝子発現の開始に時間がかかってしまう．
39. DNA 分子がアルキル化されると，鎖の切断や誤読が促進され，突然変異が引き起こされる可能性がある．そのような遺伝的変化が，細胞増殖の制御にかかわる遺伝子の発現を停止させ，細胞分裂に歯止めがかからない状態となる．DNA 配列の異常なメチル化は，エピ変異の発生につながる．
41. フルオロウラシルのエノール化は，通常とは異なる水素結合を促進し（つまり，アデニンの代わりにグアニンと水素結合する），塩基転位型突然変異を生じさせる．このような変異は，がん細胞のような分裂の速い細胞が対象となり，がん細胞を損傷させる．

CHAPTER

18 遺伝情報

復習問題

1. a．複製：親鎖 DNA を鋳型として正確なコピーを合成する過程.
   b．半保存的：それぞれの一本鎖が相補鎖を合成するための鋳型となる DNA 合成.
   c．複製ファクトリー：DNA 複製が行われる核の特定区画（または核様体).
   d．プライモソーム：大腸菌の DNA 複製の際に，鋳型 DNA 上の随所で RNA プライマーの合成に関与する多酵素複合体.
   e．クランプローダー：プライマーとともに一本鎖 DNA を認識し，β_2 クランプ二量体をコアポリメラーゼに移動させる γ 複合体.
2. a．連続移動性：鋳型 DNA 鎖からポリメラーゼが頻繁に離れるのを防ぐ.
   b．レプリソーム：プライモソームを含む大腸菌の DNA 複製装置.
   c．エキソヌクレアーゼ：ポリヌクレオチド鎖の末端からヌクレオチドを除去する酵素.
   d．DNA リガーゼ：DNA の複製や修復の過程で，一方の 3′-OH 端ともう一方の 5′-リン酸端の間における共有結合性のリン酸ジエステル結合の形成を触媒する酵素.
   e．複製フォーク：2 本の DNA 鎖が分離された際に生じる DNA 分子の Y 字型の領域で，複製が進行する.
4. a．RFC：複製因子 C．DNA 複製における真核生物のクランプローダータンパク質.
   b．DNA グリコシラーゼ：損傷を受けた塩基とヌクレオチドのデオキシリボース部分との間の *N*-グリコシド結合を切断する DNA 修復酵素.
   c．脱プリン部位：プリン塩基が除去された DNA 鎖のヌクレオチド残基.
   d．脱ピリミジン部位：ピリミジン塩基が除去された DNA 鎖のヌクレオチド残基.
   e．ミスマッチ修復：塩基ミスペア（らせんのゆがみを生じさせる）を訂正する一本鎖 DNA 修復機構.
6. a．非複製型転位：カットアンドペースト機構で起こる DNA 断片の転位．供与部位から DNA 配列を取りだし，置換配列を複製せずに標的部位に挿入する.
   b．複製型転位：供与 DNA の一本鎖だけが標的部位に運ばれ，複製とそれに続く部位特異的組換えにより，置換配列の重複が生じる.
   c．複合トランスポゾン：二つの離れたトランスポゾンからなる転位因子で，両者は DNA 配列によって連結されている.
   d．レトロトランスポゾン：RNA 転写物が中間体となっているトランスポゾンの一種.
   e．挿入エレメント：部位特異的組換えに関与する短い DNA 配列で，IS 配列または att 部位と呼ばれる.
8. a．プロモーター：RNA ポリメラーゼによって認識され，転写の開始点と方向を決定する遺伝子のすぐ上流に位置するヌクレオチド配列.

b．共通配列：複数の塩基配列の共通部分で，大腸菌の転写開始部位の 10 bp 上流に位置する −10 領域と呼ばれる TATAAT 配列がその一例である．

c．オペロン：同一のオペレーターとプロモーターの制御下にある複数の遺伝子セット．

d．クロマチンリモデリング複合体：転写の際，ヌクレオソーム DNA からのヒストンの放出を促す複合体．

e．普遍的転写因子：真核生物の転写に最低限必要な六つの転写因子の一式．

10. a．細胞形質転換：見かけ上正常な細胞が，悪性細胞に変換される過程．

b．がん遺伝子：がん原遺伝子の異常をきたしたもので，がん性転換を誘導する．

c．アポトーシス：細胞死に至る流れが遺伝的にプログラムされた一連の事象．

d．初期応答遺伝子：転写因子をコードする遺伝子群の一つで，成長因子が細胞表面の受容体に結合した後に，急速に活性化される．

e．遅延応答遺伝子：一連の細胞周期調節遺伝子群の一つで，初期応答遺伝子の活性によって誘導される．

12. 簡単にいえば，原核生物の DNA 複製は，DNA 巻きもどし，RNA プライマー形成，DNA ポリメラーゼによる DNA 合成，DNA リガーゼによる岡崎フラグメントの連結からなる．原核生物と真核生物における DNA 複製の異なる点は，真核生物よりも原核生物のほうがより速く進行し，岡崎フラグメントがより長いことがあげられる．

14. a．ROS は，一本鎖および二本鎖の切断，ピリミジン二量体の形成，プリン塩基およびピリミジン塩基の損失を引き起こすことがある．

b．インターカレーション剤は，欠失または挿入などの突然変異を引き起こす．

c．小さいアルキル化剤は，プリンおよびピリミジンの窒素原子に付着し，グリコシド結合を不安定化し（脱プリン化に導く），水素結合を妨害し，トランスバーション変異とトランジション変異を促進する．

d．大きいアルキル化剤は，小さいアルキル化剤と同じ効果をもつが，さらにインターカレーション剤と同様の作用も加わり，フレームシフト突然変異や DNA 鎖の切断をもたらす．

e．亜硝酸は，塩基を脱アミノ化する．シトシンからウラシルへの変換がその一例である．

16. 遺伝的組換えは種の多様性を生みだす．普遍的組換えは，相同 DNA 分子の配列間で交換が起こり，最も一般的には減数分裂の際に観察される．部位特異的組換えでは，DNA–タンパク質相互作用が非相同 DNA の組換えを促進し，転位がその一例である．

18. 複製型転位では，融合構造体と呼ばれる中間産物が形成される過程で，転位因子の複製コピーが染色体の新しい位置に挿入される．一方，非複製型転位では，配列複製は起こらず，供与部位から転位因子が取りだされ，標的部位に挿入される．また，供与部位は修復が必要となる．

20. どちらの場合も DNA のコピーが生成される．しかしながら，DNA 複製においては，通常，各 DNA 分子あたり 1 コピーのみが合成され，いくつかの校正機構により正確な配列が保証される．PCR 技術は，一つの DNA 分子から複数のコピーを生成するように設計されているが，校正は使われる DNA ポリメラーゼに限定される．

22. 真核生物の典型的な mRNA が機能的役割をもつようになるプロセシング段階には，キャッピング（7–メチルグアノシンの 5′ 末端への結合），mRNA の切断とポリ（A）尾部の 3′ 末端への付加，およびスプライシング（イントロンの除去）がある．

24. 細胞の種類によって異なる遺伝子発現調節の機構には，ゲノム制御（遺伝子再構成と遺伝子の選択的増幅を含む），転写開始制御，RNA プロセシング，RNA 編集，RNA 輸送制御，翻訳制御，およびシグナル伝達が引き起こす遺伝子発現が含まれる．

26. 遺伝子増幅の目的は，特定の遺伝子産物の複数のコピーを迅速に産生するためであり，細胞の一定の発達段階で大量に必要とされる．

28. RNA 分子はリボースの 2′ 位が OH 基であるため，DNA よりも反応性が高い．さらに，一本鎖 RNA のらせん化から生じる三次元構造の複雑さのために，DNA よりも分子間相互作用と結合が多様である．
30. テロメア反復配列結合因子の機能は，テロメアを隔離し安定化させる過程の一環として，3′ 末端のオーバーハングを固定することである．
32. 真核生物の転写に共役したヌクレオチド除去修復において，停止した RNA ポリメラーゼは損傷認識シグナルとして働く．

応用問題

33. DNA の複製時間は次のように計算される．

$$\frac{150{,}000{,}000\ \text{塩基対}}{50\ \text{塩基/秒}} = 3 \times 10^6\ \text{秒} = 34.5\ \text{日}$$

以上より，この DNA 複製には約 1 カ月が必要である．各染色体は複数の複製単位（レプリコン）をもつため，真核生物の DNA 合成は予想よりもかなり速い．

35. マスタードガスは，永続する共有結合により DNA 鎖を架橋する．
37. ホルボールエステルは，正常細胞の代謝産物である DAG に働きが類似しており，プロテインキナーゼ C（PKC）を活性化する作用があることをまず押さえておく必要がある．PKC はリン酸化経路を開始させ，jun や fos のような細胞の成長と分裂に関与する多数の分子を活性化し，それらが DNA と結合して AP-1 を形成する．AP-1 は細胞分裂を促進する転写因子であり，AP-1 が形成された細胞は，近接した他の細胞よりも成長する．ホルボールエステルは腫瘍プロモーターであるため，ホルボールエステルに曝露されると，細胞ががん化に向かって進行するリスクが高まる．
39. DNA 複製中に発生したエラーは，その修復過程が失敗した場合は，永続的な影響がでる可能性がある．一方，転写中に発生したエラーは，少数の RNA 分子にしか影響を与えず，一時的なものと考えてよい．
41. DNA ポリメラーゼ酵素複合体は，多数の脆弱な部分からなる精巧な装置であり，静止状態を保つことによって，密な核質を通って移動した場合に生じるかもしれない機械的損傷を防ぐことができる．

CHAPTER 19 タンパク質の合成

復習問題

1. a．コドン：mRNA の三つの塩基配列．翻訳中に成長するポリペプチド鎖に特定のアミノ酸の組み込みを指定したり，開始もしくは終止シグナルとして働いたりする．
   b．アンチコドン：mRNA のコドンに相補的な tRNA の三つの塩基．タンパク質合成の過程で，正しいアミノ酸の挿入を指定する．
   c．遺伝暗号：三つのヌクレオチド塩基（コドン）のセット．タンパク質のアミノ酸や開始および終止シグナルをコードする．
   d．オープンリーディングフレーム：mRNA 上の一連の三つの塩基配列．終止コドンは含まない．
   e．コドン利用頻度の偏り：ポリペプチドの合成における，特定の同義コドンに対する生物の優先傾向．
2. a．ゆらぎ仮説：細胞がしばしば，予測されるよりも少ない tRNA をもつという観察に対する説明．すなわち，アンチコドンの第一塩基とコドンの三つ目の塩基の組合せにおける自由さが，ある tRNA に複数のコドンとの組合せを許す．
   b．同族の tRNA：特定のアミノ酸と関連する tRNA．
   c．AUG 配列：mRNA における開始コドン．
   d．シャイン・ダルガーノ配列：mRNA 上の AUG（開始コドン）に近接する，プリンを多く含む配列．30S のリボソームサブユニット上の相補的配列に結合し，正しい開始前複合体の形成を促進する．
   e．アミノアシル tRNA シンテターゼ：同族の tRNA へのアミノ酸の連結を触媒する酵素．
4. a．mRNA スキャニング：真核細胞のリボソームによって用いられる仕組みで，開始 AUG 配列を識別するために mRNA に沿って移動する．
   b．転写局在：mRNA の転写産物が細胞質にある受容体に結合することによりつくられる，細胞質タンパク質の濃度勾配．
   c．糖鎖付加：炭水化物群が共有結合的にポリペプチドに付加される，翻訳後修飾．
   d．ターゲッティング：新しく合成されたポリペプチドを正しい細胞部位に向かわせる一連の機構．
   e．脂質の付加：膜結合能やタンパク質–タンパク質相互作用を改善する，脂質部分のタンパク質への共有結合．
6. a．SRP：シグナル認識粒子．rER（粗面小胞体）を認識する多サブユニット複合体．シグナル配列を管理し，リボソームの ER（小胞体）への結合を仲介する．
   b．トランスロコン：孔をもつタンパク質複合体で，ポリペプチドの rER 膜を横切るトランスロケーションと，引き続くプロセシングを促進する．
   c．ドッキングタンパク質：SRP 受容体タンパク質．リボソームの ER への結合を仲介する GTP アーゼへテロ二量体.

d．SRP 受容体タンパク質：ドッキングタンパク質．リボソームの ER への結合を仲介する GTP アーゼヘテロ二量体.

e．シグナルペプチダーゼ：新生ポリペプチドからシグナルペプチドを取り除く酵素.

8. a．新生の：新しく合成された状態.

b．シグナル仮説：分泌タンパク質や膜タンパク質が，rER（粗面小胞体）に結合したリボソーム上で合成される仕組み．ポリペプチドの rER 膜への挿入を仲介する，新生ポリペプチド鎖上のアミノ酸残基の配列.

c．翻訳後修飾：新しく合成されたポリペプチドの構造を変える，一連の反応の一つ.

d．配列情報依存的コドン再割り当て：典型的に起こるものとは異なる，アミノ酸（あるいは終止コドン）を特定のコドンにコードする遺伝暗号における多様性．例としては，ある種のメタン産生古細菌において非標準アミノ酸のピロリシンをコードする終止コドン UAG がある.

e．ジフタミド：ヒスチジン残基に特有な修飾．eEF-2 の特定の位置で起こる.

10. ゆらぎ仮説が基づいた観察は次の二つである．① コドン-アンチコドンの相互作用における最初の二つの塩基対合が，翻訳中に必要とされる大部分の特異性を与える．② 三つ目のコドンとアンチコドンヌクレオチドとの間の相互作用はあまり厳格でない．〝ゆらぎ則〞のために，61 個の全コドンの翻訳に必要とされる tRNA が，最小 31 個ですむ.

12. 原核生物では，転写と翻訳は時間的関連性をもつので，ほとんどの翻訳制御は転写開始時に起こる．ほかの中心的機構として，転写や翻訳を律速する mRNA の短半減期と，翻訳開始の速度に影響するシャイン・ダルガーノ配列における多様性がある.

14. シグナル認識粒子（SRP）は，タンパク質と RNA からなる大きな複合体で，リボソームに結合して，シグナルペプチド成分をもつポリペプチドの翻訳を始める．SRP がリボソームに結合すると，翻訳は一時的に停止される．SRP は次に，リボソームが膜（たとえば粗面小胞体膜）の表面にあるドッキングタンパク質と結合するのを仲介する．その後，翻訳が再開されて，伸長中のポリペプチドが膜内に入る.

16. 分泌糖タンパク質の合成はリボソーム上で始まる．適切なシグナルペプチドがポリペプチドの ER（小胞体）内腔へのトランスロケーションを仲介する．次に，核となる *N*-オリゴ糖は，グルコシルトランスフェラーゼによって触媒される反応において，ポリペプチド中の適切なアスパラギンに共有結合的に連結される．続いてその分子は，付加的な糖鎖付加反応が起こるゴルジ複合体に輸送小胞で運ばれる．最終的に糖タンパク質は，原形質膜に移行する分泌小胞に組み込まれる．そして糖タンパク質の分泌はエキソサイトーシスによって起こる.

18. 原核生物のタンパク質合成の開始期にかかわるタンパク質は，IF1（30S サブユニットの A 部位に結合し，開始時にその部位をふさぐ），IF2（30S サブユニットに結合し，開始 tRNA の mRNA 開始コドンへの結合を促進する），IF3（30S サブユニットが未成熟のまま 50S サブユニットに結合するのを妨げる）である.

20. d が翻訳過程である.

22. アミノアシル tRNA シンテターゼは，各アミノ酸を同種の tRNA に正しくつなぎ，生成物を校正する．この過程はタンパク質合成の正確性を上げる.

24. 真核生物においてポリペプチドは，転写局在（mRNA の輸送と，引き続く特定の細胞受容体への結合）および特定の膜局在性複合体への結合を許すポリペプチド断片であるシグナルペプチドにより，それらの最終目的地に運ばれる.

26. 各過程が起こるタンパク質合成の段階は，次の通りである．a．開始，b．伸長，c．伸長，d．終結.

28. この問いには複数の正答がある．問題27の解答（本体巻末を参照）に掲載されている上側の表における各アミノ酸の三文字配列は，特定のアミノ酸をコードするmRNAの配列である．アスタリスク〝*〟はヌクレオチドの四つの可能性を示すのに用いられる．たとえばCG*は，GCU，GCC，GCA，GCGのいずれでもよい．各コラムから三文字配列を一つ選び，このペプチドをコードするmRNA配列を組み立てなさい．
30. このペプチド配列に対応する可能性があるコドン配列の一つはGGUAGUUGUAGAGCUである．このペプチド配列のアミノ酸に対応する可能性があるコドンの数は，グリシン：4，セリン：6，システイン：2，アルギニン：6，アラニン：4であり，総数は1152である．
31. ヌクレオチドGTPは，翻訳機構を促進するGTP結合トランスロケーション因子の立体構造を変化させるのに必要とされる，エネルギー源である．

応用問題

33. リボソームタンパク質のアミノ酸とリボソームRNAのヌクレオチド配列には，種によってかなりの違いがあるにもかかわらず，これら分子の全体の三次元構造は際立って似ている．この類似性は，おそらく高い選択圧によるものである．いいかえると，リボソームの機能は種の生存において重要な因子なので，進化の過程でそれらの三次元構造が保存されている．
35. 原核生物と真核生物における翻訳因子は，構造と複雑さは異なるけれども，同じ基本的機能をもつ．つまり，リボソーム開始複合体の形成，A部位におけるアミノアシルtRNAの位置どり，トランスロケーション，翻訳終結を促進する．
37. 原核生物のmRNA内にある各シャイン・ダルガーノ配列は，開始コドン（AUG）の近くに存在する．このシャイン・ダルガーノ配列は，30Sリボソームの16S rRNA中にある近傍の相補的配列に結合することで，（メチオニンのコドンに対抗して）リボソーム上の開始コドンの正しい整列を促進する機構を与える．真核生物のリボソームは，mRNAのキャップされた5′末端に結合し，分子をスキャンして翻訳開始部位を探すことで，開始コドンのAUGを認識する．
39. プレプロタンパク質は，小胞体膜に導き，ゴルジ体での修飾を行わせるようないくつかのシグナル配列をもっている．不活性型のプロタンパク質の切断と他の翻訳後修飾は，そのタンパク質が機能するべき場所にターゲットされて初めて活性を発現することを可能にしている．
41. この過程は，本文に紹介されているピロリシンの挿入に似ている．ピロバリンが代謝経路から供給されると仮定すると，次のような状況が得られるはずである．

    ① ピロバリンにコドンが一つ割り当てられる．
    ② 相当するアンチコドン配列をもったtRNAが一つある．
    ③ アミノアシルtRNAシンテターゼがピロバリンを同族tRNAに結合させる．
    ④ mRNA内の新たに指定されたコドンの上流にあるステムループまたは類似した構造が，コドンの再割り当てを促進する．
    ⑤ ピロバリンと結合したtRNAは，次にリボソームに入り，タンパク質に取り込まれる．

【訳者紹介】

福岡伸一　青山学院大学総合文化政策学部教授，米国ロックフェラー大学客員教授（監訳）

有井康博　武庫川女子大学生活環境学部准教授（3，4，5，6，13，19章）

川島　麗　北里大学大学院医療系研究科講師（7，8，9，10，16，17，18章）

小林謙一　ノートルダム清心女子大学人間生活学部教授（1，2，11，12，14，15章）

マッキー **生化学** **問題の解き方**（第6版）

2019年9月20日　第6版第1刷　発行

監訳者　福岡伸一
訳　者　有井康博
　　　　川島　麗
　　　　小林謙一
発行者　曽根良介
発行所　(株)化学同人

〒600－8074　京都市下京区仏光寺通柳馬場西入ル
編集部　TEL 075-352-3711　FAX 075-352-0371
営業部　TEL 075-352-3373　FAX 075-351-8301
振替　01010-7-5702
E-mail webmaster@kagakudojin.co.jp
URL　https://www.kagakudojin.co.jp
印刷　創栄図書印刷(株)
製本　清水製本所

検印廃止

ISBN 978-4-7598-2017-1

乱丁・落丁本は送料小社負担にてお取りかえいたします．